全国高职高专工程测量技术专业规划教材

测量平差

第2版

CELIANG PINGCHA

主　编　牛志宏　张福荣
副主编　王金玲　陈　帅
　　　　袁江红　杨晓平
主　审　张　潇

中国电力出版社
CHINA ELECTRIC POWER PRESS

内 容 提 要

本书是为适应高职高专工程测量技术专业测量平差课程的教学需要而编写的。全书共分6章，深入浅出地讲述了测量误差的基本理论和工程测量数据处理的基本方法，主要包括测量误差基本知识、测量误差理论及其应用、条件平差、间接平差、误差椭圆、测量平差软件应用。书后的附录对测量平差中常用的数学基本知识作了简要的介绍。

本书适合作为高职高专工程测量技术专业的教材使用，也可供测绘工程技术人员、水利水电工程技术人员以及土木工程技术人员参考。

图书在版编目（CIP）数据

测量平差/牛志宏，张福荣主编. —2版. —北京：中国电力出版社，2012.1
（2023.1 重印）
全国高职高专工程测量技术专业规划教材
ISBN 978-7-5123-2568-5

Ⅰ.①测… Ⅱ.①牛…②张… Ⅲ.①测量平差-高等职业教育-教材 Ⅳ.①P207

中国版本图书馆CIP数据核字（2011）第281821号

中国电力出版社出版发行
北京市东城区北京站西街19号 100005 http：//www.cepp.sgcc.com.cn
责任编辑：王晓蕾 责任印制：杨晓东 责任校对：闫秀英
北京雁林吉兆印刷有限公司印刷·各地新华书店经售
2012年1月第2版·2023年1月第12次印刷
787mm×1092mm 1/16·8.75印张·205千字
定价：25.00元

前　言

本书自2007年第1版出版发行以来，受到了广大读者特别是相关高职院校工程测量技术专业学生和老师的好评。为适应高职高专教育教学改革发展的需要，对本书内容进行了修订再版。

本书是在高等职业教育发展的新形势下，根据教育部《关于推进高等职业教育改革创新引领职业教育科学发展的若干意见》（教职成［2011］12号）文件精神和《全国高职高专工程测量技术专业规划教材》的要求进行修订的。在编写的过程中，联合相关高职院校测绘专业教师认真研讨了本书第1版的使用情况，根据高职高专工程测量技术专业建设的实际要求，分析测量平差课程对职业能力培养的作用，参照国家职业资格标准选择相关内容。为适应高等职业教育的特点，本书应用工程实例详细介绍了工程测量实践工作中测量数据处理的基本方法，力求通俗易懂、简明实用，提高学生的职业能力。

本书由牛志宏、张福荣任主编，王金玲、陈帅、袁江红、杨晓平任副主编。参加本书编写的人员有：长江工程职业技术学院牛志宏（前言、第1章），湖北水利水电职业技术学院王金玲（第2章2.1、2.2节），陕西铁路工程职业技术学院张福荣（第2章2.3～2.5节），湖南工程职业技术学院袁江红（第3章），山西水利职业技术学院陈帅（第4章），山东水利职业学院李玉芝（第5章），湖北城市建设职业技术学院杨晓平（第6章），湖北城市建设职业技术学院文学（附录）。全书由牛志宏统稿。

长江空间信息技术工程有限公司教授级高级工程师张潇审阅了本教材，并提出了宝贵的修改意见，在此表示衷心感谢。

由于编者水平有限，热忱希望广大读者对本书中的缺点和错误给予批评指正。

编　者

第1版前言

本书是根据教育部《关于加强高职高专教育人才培养工作意见》的文件精神和《全国高职高专工程测量技术专业规划教材》的要求，组织相关院校测绘专业教师多次认真研讨，总结多年教学经验的基础上编写而成的。在本书的编写过程中，根据高职高专工程测量技术专业学生的实际情况和测量平差课程的特点，尽量避开测量平差理论的繁琐推导和深入分析，循序渐进地介绍了工程测量实际中常用的测量平差原理，并运用大量实例详细、具体地说明了工程测量实际工作中测量数据处理的基本方法，通俗易懂、简明实用，力求达到易学易用的目的。本书非常适合于希望避开深入的理论学习而直接解决具体工程测量问题的技术人员参考。

本书由牛志宏任主编，王金玲、王勇智、陈帅、袁江红、杨晓平任副主编。参加本书编写的人员有：牛志宏（前言、第1章、第3章、第5章第4、5节）、王金玲（第2章）、王勇智（第9章）、陈帅（第5章第1～3节）、袁江红（第4章）、文学（第6章、第7章）、李丽（第8章）、杨晓平（第10章）。

由于编者水平有限，热忱希望广大读者对本书中的缺点和错误给予批评指正。

编　者

目　　录

第1章　测量误差基本知识

1.1　测量误差

1.1.1　观测误差的概念

在测量工作中，我们经常需要测量两点之间的距离、高差等观测量，这些观测量客观上总是存在一个能反映其真正大小的数值，这个数值称为观测量的真值或理论值。但在测量这些观测量的过程中，同一个量的各观测值之间，或各观测值与理论值之间总会存在着差异，这就是观测误差。若用 L 表示观测值，$\tilde{L}$ 表示真值，则观测误差 Δ 为：$\Delta=L-\tilde{L}$。

1.1.2　观测误差的来源

观测误差产生的原因是多种多样的，但任何观测值的获取都包含观测者、所用仪器和外界环境三种要素的影响，所以观测误差产生的原因可归结为以下三个方面。

1. 仪器误差

仪器误差可分为两个方面：一是仪器本身固有的误差，例如，用只有厘米分划的水准尺进行水准测量时，就很难保证在厘米以下的读数准确无误；二是仪器检校时的残余误差，例如水准仪的视准轴不平行于水准管轴而产生的 i 角误差等。

2. 观测者误差

由于观测者感官的鉴别能力有一定的局限性，所以在仪器的安置、照准、读数等方面都会产生误差。同时，观测者的工作态度和技术水平也对观测成果质量有直接影响。随着自动化测量仪器的快速发展，此项误差的影响正在减弱或部分消逝。

3. 外界环境影响误差

观测时所处的外界环境条件，如温度、湿度、风力、大气折光等因素都会对观测结果直接产生影响；同时，随着温度的高低、湿度的大小、风力的强弱以及大气折光的不同，它们对观测结果的影响也随之不同，因而在这样的客观环境下进行观测，就必然使观测的结果产生误差。

测量仪器、观测者和外界环境三方面的因素是引起误差的主要来源，我们把这三方面的因素综合起来称为观测条件。因此，观测条件的好坏与观测成果的质量有着密切的联系。当观测条件好时，观测中产生的误差平均就可能相对小些，因而观测质量就会高些。反之，观测条件差时，观测成果的质量就会低些。如果观测条件相同，观测成果的质量也可以说是相同的。所以说，观测条件的好坏决定了观测成果质量的高低。但是，不管观测条件如何，在整个观测过程中，观测结果总会受到上述因素的影响，从这个意义上来说，测量工作中的观测误差是不可避免的。

1.1.3　观测误差的分类

根据观测误差对观测结果的影响性质，可将观测误差分为系统误差和偶然误差两种。

1. 系统误差

在相同的观测条件下进行一系列观测，如果误差在大小、符号上表现出系统性，或者在观测过程中按一定的规律变化，或者为一常数，那么，这种误差就称为系统误差。例如，水准尺的刻划不准确、水准仪的视准轴误差、温度对钢尺量距的误差、尺长误差等均属于系统误差。

系统误差具有累计性，对成果的影响较大，应当设法消除或减弱它的影响。采用的方法一般有两种：一是在观测的过程中采取一定的观测方法削弱；二是在观测结果中加入改正数。其目的就是消除或减弱系统误差的影响，使其达到忽略不计的程度。

2. 偶然误差

在相同的观测条件下进行的一系列观测，如果误差在大小和符号上都表现出随机性，即从单个值来看，其大小和符号没有规律性，但就大量误差的总体而言，具有一定的统计规律，这种误差称为偶然误差。例如，观测时的照准误差，读数时的估读误差等，都属于偶然误差。

如果各个误差项对其总和的影响都是均匀小，即其中没有一项比其他项的影响占绝对优势时，那么它们的总和将是服从或近似地服从正态分布的随机变量。因此，偶然误差就其总体而言，都具有一定的统计规律，所以，有时又把偶然误差称为随机误差。

1.2　测量误差的处理

1.2.1　系统误差的处理

系统误差对于观测结果的影响一般具有累积的作用，它对成果质量的影响也特别显著。因此，在实际工作中，应采取相应方法来消除和减少系统误差对观测成果的影响。

消除和减少系统误差的方法一般有以下三种：

（1）通过检校测量仪器，把由于仪器误差引起的系统误差降低到最小程度。例如，每次水准测量前都要进行 i 角检验，对 i 角误差超限的仪器，应校正后才能用于观测。

（2）在观测方法和观测程序上采用必要的措施，限制或削弱系统误差的影响。这是消除系统误差的主要方法。例如，观测水平角时，采用盘左、盘右观测并应在每个测回起始方向上改变度盘的配置等；采用方向观测法测角时，为了检查水平度盘在观测过程中是否发生变动，应计算归零误差。水准测量中，应保证前后视距尽量相等，以减弱 i 角影响。对于整条水准线路来说，应进行往返观测，并取往测高差与返测高差的中数作为一条线路最后的观测高差，可以使得在观测过程中由仪器与标尺下沉所引起的观测高差大部分得到消除等。

（3）根据系统误差的表现规律，对观测值进行系统误差的改正。

如在钢尺量距中，某钢尺的注记长度为30m，经鉴定后，它的实际长度为30.016m，即每量一整尺，就比实际长度少0.016m，也就是每量一整尺段就有+0.016m的系统误差。这种误差的数值和符号是固定的，误差的大小与距离成正比，若丈量了5个整尺段，则长度误差为

$$5\times(+0.016)\text{m}=+0.080\text{m}$$

若用此钢尺丈量的结果为167.213m，则实际长度为

$$167.213\text{m}+\frac{167.213}{30}\times(+0.016)\text{m}=167.213\text{m}+0.089\text{m}=167.302\text{m}$$

因此，钢尺量距时，要计算尺长改正数，并对丈量结果进行改正，从而消除系统误差。

需要注意的是，由于系统误差总是使测量结果偏向一边，或者偏大，或者偏小，因此，多次测量求平均值并不能消除系统误差。

1.2.2　偶然误差的处理

由于偶然误差是一种随机变量，在测量工作过程中总是存在的，我们无法完全消除它，但测量工作中的偶然误差在总体上是服从或近似服从正态分布的随机变量，所以我们可以应用数理统计规律处理偶然误差，获得观测量的最或是值。偶然误差的处理正是测量平差的主要任务和工作内容。

1.2.3　粗差的处理

粗差是一种大量级的观测误差，在测量成果中是不允许粗差存在的。在观测数据中应设法避免出现粗差，处理粗差的办法主要有以下两种：

(1) 采用 3σ 准则。统计理论表明，测量值的偏差超过 3σ 的概率已小于 99.7%。因此，可以认为偏差超过 3σ 的测量值是由其他因素或过失造成的，为异常数据，应当剔除。

(2) 进行必要的重复观测和多余观测，通过必要而又严格的检核、验算等方式均可发现相差。国家测绘机构制定的各类测量规范和细则，也能起到防止粗差出现和发现粗差的作用。

含有粗差的观测值都不能采用。因此，一旦发现粗差，该观测值必须舍弃或重测。尽管观测过程十分小心，粗差有时也在所难免。因此，如何在大量的观测数据中发现和剔除粗差，或在数据处理中削弱含粗差的观测值对平差成果的影响，是测绘界十分关注的课题之一。

1.3　测量平差的主要任务

由于观测结果不可避免地存在着偶然误差的影响，因此，在实际工作中，为了提高测量成果的质量，同时也为了检查和及时发现观测值中有无粗差存在，通常要进行多余观测。例如，对一条导线边，丈量一次就可得出其长度，但实际上总要丈量两次或两次以上；一个平面三角形，只需要观测其中的两个内角，即可决定它的形状，但通常是观测三个内角。由于观测结果中不可避免地存在着偶然误差，多余观测必然会在观测结果之间产生不一致或不符合各个量之间应有的数学关系。因此，必须对这些带有偶然误差的观测值进行处理，消除各个量之间的不符值，获得观测量的最可靠的结果。对这些带有偶然误差的观测值进行处理的过程就是测量平差的一个主要任务。

测量平差的另一个任务就是评定观测值以及最可靠结果的精度，也就是考核测量成果的质量。

概括说来，测量平差的任务就是：

(1) 对一系列带有观测误差的观测值，运用概率统计的方法来消除它们之间的不符值，求出未知量的最可靠值。

(2) 评定测量成果的精度。

第 2 章　测量误差理论及其应用

2.1　偶然误差的统计特性

2.1.1　偶然误差是随机变量

观测误差包括系统误差和偶然误差两种。系统误差一般具有累积特性，所以，在实际工作中都采用各种方法来消除或使其处于次要地位。这样，观测误差仅余偶然误差，测量平差的基本任务就是处理一系列带有偶然误差的观测值，求出未知量的最可靠值，并评定测量成果的精度。

由于偶然误差是一种随机变量，就单个来讲其符号没有规律，即呈现出一种偶然性（或随机性），但就总体而言，却呈现出一定的统计规律性，而且它是服从正态分布的随机变量。人们从无数的测量实践中发现，在相同的观测条件下，大量偶然误差的分布也确实呈现了一定的统计规律性。

2.1.2　偶然误差的特性

由前所述，单个偶然误差在数值、大小、符号上均为偶然的、随机的、无规律的，是一种随机变量，但对于大量的偶然误差来讲，却有一定的统计规律性。

下面我们以三角形内角和的真误差为例来讨论偶然误差的统计规律性。

1. 真误差

任何一个观测量，客观上总存在着一个能代表其真正大小的数值，这个数值称为真值，以 $\tilde{L}$ 表示。观测值 L 与真值 $\tilde{L}$ 之间的差值 $\Delta=L-\tilde{L}=L-E(L)$，称为真误差。

2. 三角形内角和真误差分布统计分析

（1）误差分布表。三角形内角和真误差为：

$$\Delta_i=(L_1+L_2+L_3)_i-180° \quad (i=1,2,3,\cdots,358) \tag{2-1}$$

假设观测值中仅含有偶然误差。

以区间 $d\Delta=0.2''$ 将真误差 $\Delta_i(i=1，2，3，\cdots，358)$ 按其绝对值大小排列。统计出误差落入各个误差区间的个数 v_i，计算出其频率 $f_i=\dfrac{v_i}{n}$，n 为总数，v_i 为落入 i 区间的误差个数。

统计结果见表 2-1。

从表中不难看出：

1）绝对值最大的误差的绝对值不超过 $1.60''$。

2）绝对值小的误差比绝对值大的误差多。

3）绝对值相等的正负闭合差出现的个数大致相等。

表 2-1

误差的区间/(″)	Δ为负值			Δ为正值			备注
	个数 v_i	频率 v_i/n	$\frac{v_i/n}{d\Delta}$	个数 v_i	频率 v_i/n	$\frac{v_i/n}{d\Delta}$	
0.00～0.20	45	0.126	0.630	46	0.128	0.640	$d\Delta=0.20''$ 等于区间左端值的误差算入该区间内
0.20～0.40	40	0.112	0.560	41	0.115	0.575	
0.40～0.60	33	0.092	0.460	33	0.092	0.460	
0.60～0.80	23	0.064	0.320	21	0.059	0.295	
0.80～1.00	17	0.047	0.235	16	0.045	0.225	
1.00～1.20	13	0.036	0.180	13	0.036	0.180	
1.20～1.40	6	0.017	0.085	5	0.014	0.070	
1.40～1.60	4	0.011	0.055	2	0.006	0.030	
1.60 以上	0	0	0	0	0	0	
和	181	0.505		177	0.495		

(2) 误差直方图。从表 2-1 中可以表达出其误差分布的情况。还可以采用直方图来表示，如图 2-1 所示。

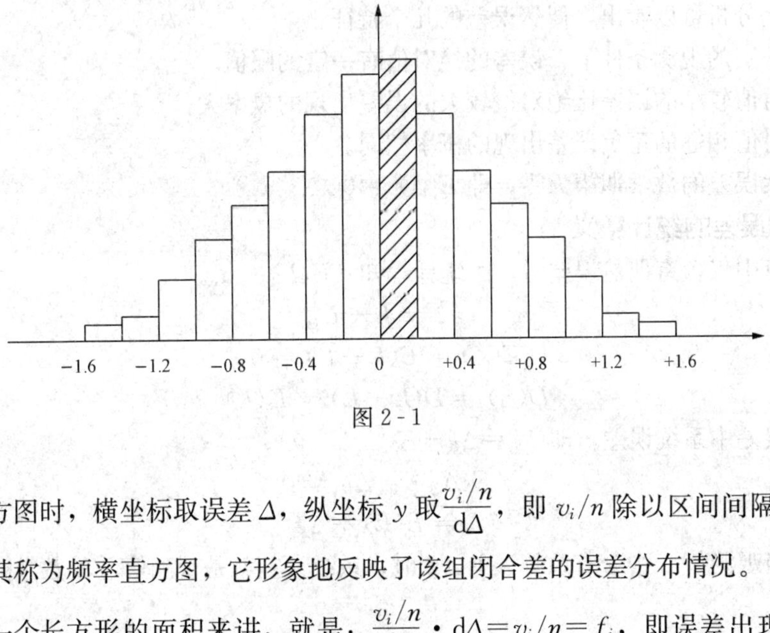

图 2-1

绘制直方图时，横坐标取误差 Δ，纵坐标 y 取 $\frac{v_i/n}{d\Delta}$，即 v_i/n 除以区间间隔值 dΔ，在统计学中常将其称为频率直方图，它形象地反映了该组闭合差的误差分布情况。

对于每一个长方形的面积来讲，就是：$\frac{v_i/n}{d\Delta}\cdot d\Delta=v_i/n=f_i$，即误差出现在该区间的频率。

从直方图上我们同样可以发现：

1）正负误差出现的个数大致相等。

2）小误差出现的频率高。

3）闭合差最大不超过 1.6″。

(3) 误差分布曲线。在同一观测条件下，随着观测个数的无限增多，即 $n\rightarrow\infty$ 时，误差

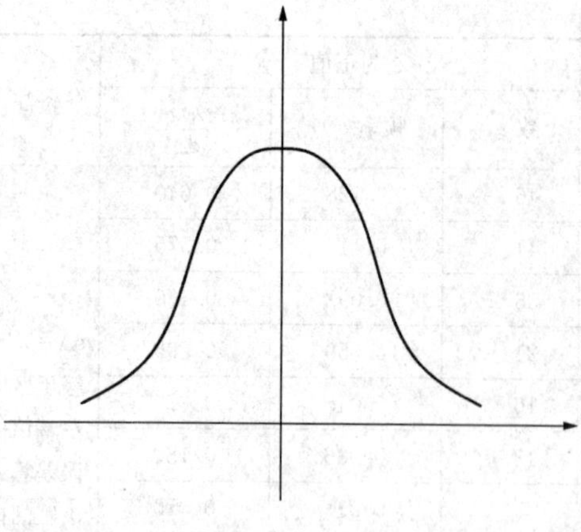

图 2-2

出现在各区间的频率就趋于一个确定的数值，这就是误差出现在各区间的概率。也就是说，一定的观测条件对应一种确定的误差分布，若 $n\to\infty$，$d\Delta\to 0$ 时，图 2-1 中各长方条顶边所形成的折线将变成一条光滑曲线。该曲线就是误差概率分布曲线，或称为误差分布曲线（图 2-2）。

由此可见，偶然误差的频率分布随着 n 的逐渐增大，都是以正态分布为其极限的。偶然误差的频率分布为其经验分布，而将正态分布称为它们的理论分布。

可以证明，若 Δ 仅含有偶然误差，其分布为正态分布，其分布函数为：

$$f(\Delta)=\frac{1}{\sqrt{2\pi\sigma}}e^{-\frac{\Delta^2}{2\sigma^2}} \tag{2-2}$$

式中 σ——标准差，在测量上称为中误差。

3. 偶然误差统计特性

通过以上分析可以看出，偶然误差的几个特征：

（1）在一定的观测条件下，误差的绝对值有一定的限值。

（2）绝对值较小的误差比绝对值较大的误差出现的概率大。

（3）绝对值相等的正负误差出现的概率相同。

（4）偶然误差的数学期望为零，即 $E(\Delta)=0$。

2.1.3 偶然误差的统计意义

当观测值中仅含有偶然误差时，由统计学知：$E(L)=\tilde{L}$。

因为

$$\Delta=L-\tilde{L}$$

从而

$$E(\Delta)=E(L-\tilde{L})=0$$

$$D(\Delta)=D(L-\tilde{L})=D(L) \tag{2-3}$$

注：若观测误差中系统误差，即 $\Delta_{总}=\Delta_{系}+\Delta_{偶}$ (2-4)

则

$$E(\Delta_{总})=\Delta_{系}\neq 0$$

$$\tilde{L}=E(L)+\Delta_{系} \tag{2-5}$$

可见，当观测值 L 中含有系统误差 $\Delta_{系}$ 时，系统误差就是观测值 L 的数学期望对于真值的偏差值。

2.1.4 由偶然误差特性引出的两个测量依据

1. 制定测量限差的依据

由偶然误差的有界性可知：在一定的观测条件下，若仅有偶然误差的影响，误差的绝对值必定会小于一定的限值。在实际工作中，就可依据观测条件确定一个误差限值，若观测值的误差绝对值小于该限值，认为观测值合乎要求，否则，应剔除或重测。

2. 判断系统误差（粗差）的依据

由偶然误差的对称性和偶然性可知：误差的理论平均值为零，即观测值的期望值为其真值，观测值中不含有系统误差和粗差；若误差的理论平均值不为零，且数值较大，说明观测成果中含有系统误差和粗差。

2.2　精度指标及应用

2.2.1　精度、准确度、精确度

精度：是指误差值分布的密集或离散程度，也就是离散度的大小，它反映了观测结果与中数（估计值）的接近程度。.

从图 2-1 中可以看出，若误差分布较为密集，其图形在纵轴附近的顶峰则较高，且由长方形所构成的阶梯比较陡峭；若误差分布较为分散，其图形在纵轴附近的顶峰则较低，且其阶梯较为平缓。这个性质同样反映在图 2-2 的误差分布曲线的形态上，即存在误差概率分布曲线较高而陡峭和误差概率分布曲线较低而平缓两种情形。

不难理解，误差分布密集，即离散度较小，则表示该组观测值的大小非常接近，也就是说，该组观测精度高，质量较好；反之，如果分布较为离散，即离散度较大，则表示该组观测质量较差，观测精度较低。综上所述，精度是指在一定观测条件下，误差分布的密集或离散的程度。

在相同的观测条件下所进行的一组观测，称为同精度或等精度观测，由于它是对应着同一种误差分布，因此对于这一组中的每一个观测值精度相同。例如，表 2-1 中所列有的甚至相差很大（例如有的出现于 0.0″～0.5″区间，有的出现于 3.0″～3.5″区间）。由于它们所对应的误差分布相同，真误差彼此间的差异仅是偶然误差性质的结果。因此，这些结果彼此是同精度观测值。

准确度：是指随机变量 X 的真值 X 与其数学期望 $E(X)$ 之差，即 $E(X)$ 的真误差，这是存在系统误差的情况。因此准确度表征了观测结果系统误差大小的程度，是衡量系统误差大小程度的指标。准确度高，则随机变量 X 的数学期望偏离真值较小，测量的系统误差小，但数据较分散，偶然误差的大小不确定。

精确度：是精度和准确度的合成，是指观测结果与其真值的接近程度，包括观测结果与其数学期望接近程度和数学期望与真值的偏差。精确度反映了偶然误差和系统误差联合影响大小的程度，是一个全面衡量观测质量的指标。精确度高，则测量数据比较集中在真值附近，测量的偶然误差及系统误差都比较小，当观测值仅含偶然误差时，精确度就是精度。

2.2.2　衡量精度的指标

在测量工作中，我们需要衡量观测值的精确度，即精度和准确度。准确度是与系统误差有关的概念，精度是与偶然误差有关的概念。观测值中的系统误差可以通过改正减少或消除。当观测值中的系统误差相对于偶然误差很小或忽略不计时，即认为仅含偶然误差时，观测值的精确度就是精度，即表示偶然误差的大小，因此，可以将精度作为衡量观测质量的指标。

前已提及，精度是一组误差分布密集或离散的程度。分布越密集，则表示在该组误差中，绝对值较小的误差所占的相对个数越大。在这种情况下，该组误差绝对值的平均值就一定小。由此可见，精度虽然不是代表个别误差的大小，但是，它与这一组误差绝对值的平均大小显然有着直接关系。因此，用一组误差的平均大小作为衡量精度高低的指标，是完全合理的。为此，我们用具体的数字来反映误差分布的离散或离散的程度，即反映其离散度的大小，将其称为衡量精度的指标。

1. 方差和中误差

偶然误差Δ服从正态分布，其密度函数为

$$f(\Delta)=\frac{1}{\sqrt{2\pi}\sigma}e^{-\frac{\Delta^2}{2\sigma^2}} \tag{2-6}$$

式中　σ^2——误差分布的方差。

由方差定义可知

$$\sigma^2=D(\Delta)=E(\Delta^2)=\int_{-\infty}^{+\infty}\Delta^2 f(\Delta)\mathrm{d}\Delta$$

即

$$\sigma^2=D(\Delta)=E(\Delta^2)=\lim_{n\to\infty}\frac{[\Delta\Delta]}{n} \tag{2-7}$$

方差的算术平方根称为中误差，用σ表示，测量中常用m表示中误差，即

$$\sigma=\lim_{n\to\infty}\sqrt{\frac{[\Delta\Delta]}{n}} \tag{2-8}$$

上述方差及中误差都是在理想的情况下定义的，但在实际工作中，观测次数总是有限的，只能得到方差和中误差的估计值，即

方差
$$\hat{\sigma}^2=\frac{[\Delta\Delta]}{n} \tag{2-9}$$

中误差
$$\hat{\sigma}=\sqrt{\frac{[\Delta\Delta]}{n}} \tag{2-10}$$

【例2-1】 某测区同精度观测10个三角形内角和的真误差如下，试求三角形内角和的中误差。

$$-5.2'',\quad +3.1'',\quad 0.0'',\quad -0.2'',\quad +1.1''$$
$$-1.7'',\quad +0.1'',\quad +1.2'',\quad -0.6'',\quad +2.2''$$

解　将三角形内角和真误差代入式(2-10)中，得到三角形内角和中误差

$$\hat{\sigma}=\sqrt{\frac{[\Delta\Delta]}{n}}$$
$$=\sqrt{\frac{(-5.2)^2+(+3.1)^2+(0.0)^2+(-0.2)^2+(+1.1)^2+(-1.7)^2+(+0.1)^2+(+1.2)^2+(-0.6)^2+(+2.2)^2}{10}}=2.18''$$

由于未知量的真值往往不知道，所以真误差也不知道，只能求出观测量的最或然值，且观测个数总也是有限的。

对于等精度的一组观测值，可以用残差计算该组观测值的中误差：

$$m=\pm\sqrt{\frac{[vv]}{n-1}} \tag{2-11}$$

上式就是白塞尔公式，它满足统计上的无偏性。

【例2-2】 某距离等精度丈量6次，结果如下，试求该距离的最或是值及观测值中误差。

$$L_1=546.535\text{m}\qquad L_2=546.548\text{m}\qquad L_3=546.520\text{m}$$
$$L_4=546.546\text{m}\qquad L_5=546.550\text{m}\qquad L_6=546.537\text{m}$$

解　该距离的最或是值

$$\tilde{L}=\frac{L_1+L_2+L_3+L_4+L_5+L_6}{6}$$

$$= \frac{546.535 + 546.548 + 546.520 + 546.546 + 546.550 + 546.537}{6} \text{m} = 546.539\text{m}$$

$$v_1 = L_1 - \tilde{L} = 546.535 - 546.539 = -0.004$$
$$v_2 = L_2 - \tilde{L} = 546.548 - 546.539 = +0.009$$
$$v_3 = L_3 - \tilde{L} = 546.520 - 546.539 = -0.019$$
$$v_4 = L_4 - \tilde{L} = 546.546 - 546.539 = +0.007$$
$$v_5 = L_5 - \tilde{L} = 546.550 - 546.539 = +0.011$$
$$v_6 = L_6 - \tilde{L} = 546.537 - 546.539 = -0.002$$

观测值的中误差为

$$m = \pm\sqrt{\frac{[vv]}{n-1}} = \pm\sqrt{\frac{v_1^2 + v_2^2 + v_3^2 + v_4^2 + v_5^2 + v_6^2}{n-1}} = \pm 0.011\text{m}$$

2. 极限误差

前已述及，观测成果中不能含有粗差。那么，如何来判定观测误差中的粗差呢？必须要有一个判定标准，超过这个标准的误差就列入粗差，相应的观测值应予剔除或返工重测，这个标准就是极限误差，所谓极限误差就是最大误差。由偶然误差的特性可知，在一定条件下，偶然误差不会超过一个界值，这个界值就是所说的极限误差，但这个界值很难确定，一般规定极限误差的根据是误差出现在某一范围内的概率的大小，即误差 Δ 出现在（$-k\sigma$，$+k\sigma$）内的概率。

根据观测误差 $\Delta \sim N(0, \sigma^2)$，将其标准化后 $\Delta \sim N(0, 1)$，查表可知误差 Δ 落在（$-\sigma$，$+\sigma$），（-2σ，2σ），（-3σ，3σ）内的概率分别为：

$$p(-\sigma < \Delta < +\sigma) \approx 0.683 = 68.3\%$$
$$p(-2\sigma < \Delta < +2\sigma) \approx 0.955 = 95.5\%$$
$$p(-3\sigma < \Delta < +3\sigma) \approx 0.997 = 99.7\%$$

可见，误差 Δ 大于三倍标准差的概率仅为 0.3%，可以认为它是一个不可能事件，所以，常以三倍中误差作为偶然误差的极限值

$$\Delta_{限} = 3\sigma \tag{2-12}$$

若对观测要求较严，也可规定两倍中误差为极限误差，即

$$\Delta_{限} = 2\sigma \tag{2-13}$$

3. 相对误差

对于某些观测结果，有时单靠中误差还不能完全表达观测结果的好坏，所以有时常用到相对中误差，定义为：中误差与观测值之比。常表示为 $1/N$ 的形式，即

$$k = m_s / s = 1/N \tag{2-14}$$

在实际中，常用于表示边长或距离误差、闭合环误差等。

【例 2-3】 观测了两段距离，分别为 1000m±2cm 和 500m±2cm。问：这两段距离的真误差是否相等？中误差是否相等？它们的相对精度是否相同？

解 这两段距离的真误差不相等。这两段距离的中误差相等，均为±2cm。它们的相对精度不相同，前一段距离的相对中误差为 1/50 000，后一段距离的相对中误差为 1/25 000。

2.2.3 观测向量的精度

1. 观测向量

若观测量有 L_1，L_2，…，L_n 个，可将它们表示成一个向量 $\boldsymbol{L} = (L_1, L_2, \cdots, L_n)^{\mathrm{T}}$，

称为观测向量。当观测向量之间误差相互独立时，单个观测量的方差用 σ^2 表示。

当观测向量之间误差不独立时，观测量 L_i 和观测量 L_j 之间的误差相关，描述这种相关程度的指标是协方差 σ_{ij}，其定义式为

$$\sigma_{ij} = \lim_{n\to\infty}\frac{[\Delta_i\Delta_j]}{n} \tag{2-15}$$

当 $\sigma_{ij}=0$ 时，表示观测量 L_i 和 L_j 不相关，观测量相互独立；当 $\sigma_{ij}\neq 0$ 时，表示两者相关，不相互独立，即为相关观测值。若 σ_{ij} 为正值，表示正相关；若 σ_{ij} 为负值，表示负相关。

2. 观测向量的精度

观测向量的精度一般用方差矩阵 $\boldsymbol{D}_{LL}$ 表示，简称方差阵。方差阵 $\boldsymbol{D}_{LL}$ 中既有各个观测量的方差，表示其精度，也有观测值之间的协方差，表示观测值之间的误差相关关系。观测向量方差阵的具体形式为

$$\boldsymbol{D}_{LL} = \begin{bmatrix} \sigma_1^2 & \sigma_{12} & \cdots & \sigma_{1n} \\ \sigma_{21} & \sigma_{22} & \cdots & \sigma_{2n} \\ \vdots & \vdots & & \vdots \\ \sigma_{n1} & \sigma_{n2} & \cdots & \sigma_n^2 \end{bmatrix} \tag{2-16}$$

式中：$\sigma_{ij}=\sigma_{ji}$，如 $\sigma_{12}=\sigma_{21}$；σ_{LL} 中主对角线上的元素为相应观测值的方差，其余元素为两个观测值相应的协方差。如果观测向量中各 L_i 相互间均不相关，则所有非对角线元素 $\sigma_{ij}=0$，$\boldsymbol{D}_{LL}$ 为对角阵，即

$$\boldsymbol{D}_{LL} = \begin{bmatrix} \sigma_1^2 & 0 & \cdots & 0 \\ 0 & \sigma_2^2 & \cdots & 0 \\ \vdots & \vdots & & \vdots \\ 0 & 0 & \cdots & \sigma_n^2 \end{bmatrix} \tag{2-17}$$

2.3 误差传播律及应用

前面已经阐述了衡量一组观测值质量的精度指标，并已指出，通常采用的精度指标是中误差。但在实际工作中，往往会遇到某些量的大小不是直接测定的，而是由观测值通过一定的函数关系计算出来的，即观测值的函数。那么就存在观测值函数的精度是怎么知道的，即观测值函数的中误差是怎么计算出来的，观测值和观测值函数之间的误差有什么关系等问题。例如图2-3水准测量中，直接观测值是高差 h_1、h_2、h_3，P_3 点的高程为

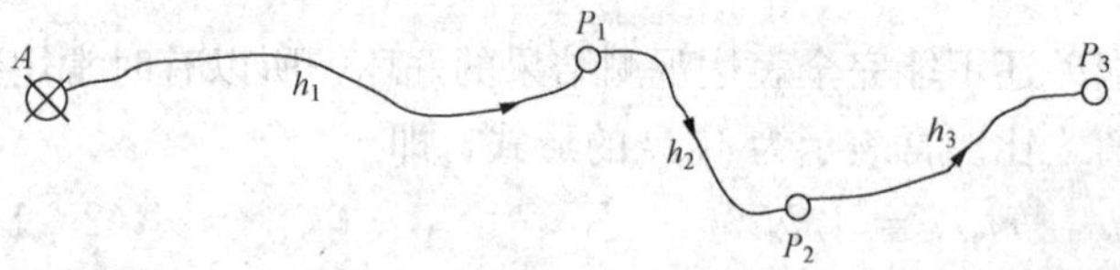

图2-3

$$H_{P_3} = H_A + h_1 + h_2 + h_3$$

则 P_3 点的高程 H_{P_3} 的中误差和高差 h_1、h_2、h_3 的中误差有什么关系，用高差 h_1、h_2、h_3 计算出来的高程 H_{P_3} 的中误差是多少？这些问题是通过应用“概率论和数理统计”的数学方法来解决的，具体来说就是应用协方差传播律（或误差传播律）来解决的。

2.3.1 线性函数的误差传播律

设有函数

$$z = k_1x_1 + k_2x_2 + \cdots + k_nx_n \tag{2-18}$$

式中　k_1，k_2，…，k_n——常数；

x_1，x_2，…，x_n——独立观测值，它们的中误差分别为 σ_1，σ_2，…，σ_n。

其误差传播律为

$$\sigma_z^2 = k_1^2\sigma_1^2 + k_2^2\sigma_2^2 + \cdots + k_n^2\sigma_n^2 \tag{2-19}$$

即常数与独立观测值乘积的代数和的中误差的平方，等于各常数与相应的独立观测值中误差乘积的平方和。

若观测值间不独立，则式（2-19）中必须顾及观测值之间的协方差，此时式（2-19）变成如下公式

$$\sigma_z^2 = k_1^2\sigma_1^2 + k_2^2\sigma_2^2 + \cdots + k_n^2\sigma_n^2 + 2k_1k_2\sigma_{12} + 2k_1k_3\sigma_{13} + \cdots + 2k_1k_n\sigma_{1n} + \cdots + 2k_{n-1}k_n\sigma_{(n-1)n} \tag{2-20}$$

若令

$$\boldsymbol{K} = (k_1, k_2, \cdots, k_n)$$

$$\boldsymbol{X} = (x_1, x_2, \cdots, x_n)^{\mathrm{T}}$$

向量 $\boldsymbol{X}$ 的方差阵为

$$\boldsymbol{D}_{XX} = \begin{bmatrix} \sigma_1^2 & \sigma_{12} & \cdots & \sigma_{1n} \\ \sigma_{21} & \sigma_2^2 & \cdots & \sigma_{2n} \\ \vdots & \vdots & & \vdots \\ \sigma_{n1} & \sigma_{n2} & \cdots & \sigma_n^2 \end{bmatrix} \tag{2-21}$$

则式（2-18）的矩阵形式为 $\boldsymbol{Z}=\boldsymbol{KX}$，相应式的矩阵式为

$$\sigma_z^2 = \boldsymbol{D}_{ZZ} = \boldsymbol{KD}_{XX}K^{\mathrm{T}} \tag{2-22}$$

【例 2-4】 在 1∶1000 的地形图上，量得 a、b 两点间的距离 d=40.6mm，量测中误差 σ_{d}=0.2mm，求该两点实际距离的中误差 σ_{D}。

解　因为 $D=1000d$

$$\sigma_{\mathrm{D}}^2 = 1000^2 \times \sigma_{\mathrm{d}}^2 = 1000^2 \times 0.2^2$$

即

$$\sigma_{\mathrm{D}} = 200\mathrm{mm}$$

【例 2-5】 用钢尺分五段测量某距离，得到各段距离及相应的中误差如下，试求该距离 S 的中误差及相对中误差。

$S_1 = 50.350\mathrm{m} \pm 1.5\mathrm{mm}$　　$S_2 = 150.555\mathrm{m} \pm 2.5\mathrm{mm}$　　$S_3 = 100.650\mathrm{m} \pm 2.0\mathrm{mm}$

$S_4 = 100.450\mathrm{m} \pm 2.0\mathrm{mm}$　　$S_5 = 50.455\mathrm{m} \pm 1.5\mathrm{mm}$

解　由题意可得

$$S = S_1 + S_2 + S_3 + S_4 + S_5 = 452.460\mathrm{m}$$

按线性函数误差传播律，得

$$\begin{aligned} \sigma_S^2 &= \sigma_1^2 + \sigma_2^2 + \sigma_3^2 + \sigma_4^2 + \sigma_5^2 \\ &= 1.5^2 + 2.5^2 + 2.0^2 + 2.0^2 + 1.5^2 \\ &= 18.75 \end{aligned}$$

S 的中误差为

$$\sigma_S = 4.33\mathrm{mm}$$

其相对中误差为

$$\frac{\sigma_S}{S}=\frac{4.33}{452.460}=\frac{1}{104\,494}\approx\frac{1}{104\,000}$$

2.3.2 线性函数误差传播律在测量工作中的应用

1. 水准测量的精度

经 N 个测站测定 A、B 两水准点的高差，其中第 i 站的观测高差为 h_i，则 A、B 两水准点间的总高差 h_{AB} 为

$$h_{AB}=h_1+h_2+\cdots+h_N \tag{2-23}$$

设各测站观测高差是精度相同的独立观测值，其中误差均为 $\sigma_{站}$，则可由协方差传播律式并顾及 $\sigma_{ij}=0$，求得 h_{AB}的方差 $\sigma_{h_{AB}}^2$ 为

$$\sigma_{h_{AB}}^2=\sigma_{站}^2+\sigma_{站}^2+\cdots+\sigma_{站}^2=N\sigma_{站}^2$$

由此得中误差 $\sigma_{h_{AB}}$

$$\sigma_{h_{AB}}=\sqrt{N}\sigma_{站} \tag{2-24}$$

若水准路线敷设在平坦地区，前后两测站间的距离 s 大致相等，设 A、B 间的距离为 S，则测站数 $N=S/s$，代入上式得

$$\sigma_{h_{AB}}=\sqrt{\frac{S}{s}}\sigma_{站}$$

如果 $S=1\text{km}$，s 以 km 为单位，则一千米的测站数为

$$N_{千米}=1/s$$

而一千米观测高差的中误差即为

$$\sigma_{千米}=\sqrt{\frac{1}{s}}\sigma_{站} \tag{2-25}$$

所以，距离为 S 千米的 A、B 两点的观测高差的中误差为

$$\sigma_{h_{AB}}=\sqrt{S}\sigma_{千米} \tag{2-26}$$

式（2-24）和式（2-26）两式是水准测量中计算高差中误差的基本公式。由式（2-24）可知，当各测站高差的观测精度相同时，水准测量高差的中误差与测站数的平方根成正比；由式（2-26）知，当各测站的距离大致相等时，水准测量高差的中误差与距离的平方根成正比。

2. 导线边方位角的精度

一条支导线，以同样的精度测得 n 个转折角（左角）β_1，β_2，…，β_n，它们的中误差均为 σ_β，第 n 条导线边的坐标方位角为

$$\alpha_n=\alpha_0+\beta_1+\beta_2+\cdots+\beta_n\pm n\times180°$$

式中　α_0——已知坐标方位角。

设为无误差，则第 n 条边的坐标方位角的中误差为

$$\sigma_{\alpha_n}=\sqrt{n}\sigma_\beta \tag{2-27}$$

上式表明，支导线中第 n 条导线边的坐标方位角的中误差，等于各转折角之中误差的 $\sqrt{n}$倍，n 为转折角的个数。

3. 同精度独立观测值的算术平均值的精度

设对某量以同精度独立地观测了 N 次，得观测值 L_1，L_2，…，L_N，它们的中误差均等

于 σ，则 N 个观测值的算术平均值 x 为

$$x = \frac{[L]}{N} = \frac{1}{N}L_1 + \frac{1}{N}L_2 + \cdots + \frac{1}{N}L_N \tag{2-28}$$

由协方差传播律知，算术平均值 x 的方差为

$$\sigma_x^2 = \frac{1}{N^2}\sigma^2 + \frac{1}{N^2}\sigma^2 + \cdots + \frac{1}{N^2}\sigma^2 = \frac{\sigma^2}{N} \tag{2-29}$$

或中误差为

$$\sigma_x = \frac{\sigma}{\sqrt{N}} \tag{2-30}$$

即 N 个同精度独立观测值的算术平均值的中误差，等于各观测值的中误差除以 $\sqrt{N}$。

2.3.3　多个观测值线性函数的误差传播律

上节已经讲过，若 $\boldsymbol{Z}$ 是关于 $\boldsymbol{X}$ 的函数

$$\underset{1,1}{\boldsymbol{Z}} = \underset{1,n}{\boldsymbol{K}}\,\underset{n,1}{\boldsymbol{X}} + \underset{1,1}{\boldsymbol{K}_0} \tag{2-31}$$

则 $\boldsymbol{Z}$ 的方差阵为

$$\underset{1,1}{\boldsymbol{D}_{ZZ}} = \underset{1,n}{\boldsymbol{K}}\,\underset{n,n}{\boldsymbol{D}_{XX}}\,\underset{n,1}{\boldsymbol{K}^{\mathrm{T}}} \tag{2-32}$$

若有 X 的 r 个线性函数

$$\begin{aligned} Z_1 &= f_{11}X_1 + f_{12}X_2 + \cdots + f_{1n}X_n + f_{10} \\ Z_2 &= f_{21}X_1 + f_{22}X_2 + \cdots + f_{2n}X_n + f_{20} \\ &\cdots\cdots\cdots\cdots \\ Z_r &= f_{r1}X_1 + f_{r2}X_2 + \cdots + f_{rn}X_n + f_{r0} \end{aligned} \tag{2-33}$$

设

$$\underset{r,1}{\boldsymbol{Z}} = \begin{bmatrix} Z_1 \\ Z_2 \\ \vdots \\ Z_r \end{bmatrix}, \underset{r,n}{\boldsymbol{F}} = \begin{bmatrix} f_{11} & f_{12} & \cdots & f_{1n} \\ f_{21} & f_{22} & \cdots & f_{2n} \\ \vdots & \vdots & & \vdots \\ f_{r1} & f_{r2} & \cdots & f_{rn} \end{bmatrix}, \underset{r,1}{\boldsymbol{F}_0} = \begin{bmatrix} f_{10} \\ f_{20} \\ \vdots \\ f_{r0} \end{bmatrix}$$

式（2-31）可写为

$$\underset{r,1}{\boldsymbol{Z}} = \underset{r,n}{\boldsymbol{F}}\,\underset{n,1}{\boldsymbol{X}} + \underset{r,1}{\boldsymbol{F}_0} \tag{2-34}$$

$\boldsymbol{Z}$ 的数学期望为

$$E(\boldsymbol{Z}) = \boldsymbol{F}\mu_X + \boldsymbol{F}_0$$

则 $\boldsymbol{Z}$ 的协方差阵为

$$\underset{r,r}{\boldsymbol{D}_{ZZ}} = \underset{r,n}{\boldsymbol{F}}\,\underset{n,n}{\boldsymbol{D}_{XX}}\,\underset{n,r}{\boldsymbol{F}^{\mathrm{T}}} \tag{2-35}$$

2.3.4　非线性函数的误差传播律

上面给出了几种特殊函数的中误差计算公式，但在实际应用中，函数的种类繁多，不仅有线性形式，还有非线性形式，故不可能一一导出中误差的计算公式。下面给出一般函数中误差的计算公式。

设有函数为

$$Z = f(x_1, x_2, \cdots, x_n) \tag{2-36}$$

式（2-36）中，$x_i(i=1,2,\sim,n)$ 是观测值。令 $X=(x_1,x_2,\cdots,x_n)^{\mathrm{T}}$，以及它们的方差

阵为

$$\boldsymbol{D}_{XX}=\begin{bmatrix}\sigma_1^2 & \sigma_{12} & \cdots & \sigma_{1n}\\ \sigma_{21} & \sigma_2^2 & \cdots & \sigma_{2n}\\ \vdots & \vdots & & \vdots\\ \sigma_{n1} & \sigma_{n2} & \cdots & \sigma_n^2\end{bmatrix}$$

当 x_i 具有真误差 Δ_{x_i} 时，则函数 Z 随之产生真误差 Δ_Z，通常真误差 Δ 只是一个很小的量值，由高等数学微分的知识可知，变量的误差与函数的误差之间的关系，可近似地用函数的全微分来表示。为此，求函数的全微分，并用 Δ_Z 代替 $\mathrm{d}Z$，用 Δ_{x_i} 代替 $\mathrm{d}x_i$，即得

$$\Delta_Z=\frac{\partial f}{\partial x_1}\Delta_{x_1}+\frac{\partial f}{\partial x_2}\Delta_{x_2}+\cdots+\frac{\partial f}{\partial x_n}\Delta_{x_n} \tag{2-37}$$

式（2-37）中，$\frac{\partial f}{\partial x_i}$为函数对观测量 x_i 偏导数，将各个观测值代入算出数值，它们均为常数。因此，设

$$k_i=\frac{\partial f}{\partial x_i}$$

代入式（2-37）得

$$\Delta_Z=k_1\Delta_{x_1}+k_2\Delta_{x_2}+\cdots+k_n\Delta_{x_n} \tag{2-38}$$

再应用误差传播律将真误差关系式转换成中误差关系式计算 Z 的中误差。若观测值相互独立，按式（2-19）转换；若观测值不独立，按式（2-20）或式（2-22）转换。

【例 2-6】 已知长方形的厂房，经过测量，其长度 x 的观测值为 90m，其宽度 y 的观测值为 50m，它们的中误差分别为 2mm、3mm，求其面积及相应的中误差。

解 矩形面积的函数式为:$S=xy$

其面积为：$S=xy=90\times50=4500$（m^2）

对面积表达式进行全微分，得

$$\mathrm{d}S=y\mathrm{d}x+x\mathrm{d}y$$

转化为真误差形式为

$$\Delta_S=y\Delta_x+x\Delta_y$$

根据式（2-19），上式可转化为

$$\sigma_S^2=y^2\sigma_x^2+x^2\sigma_y^2$$

将 x、y、σ_x、σ_y 的数值代入，注意单位的统一，可得

$$\sigma_S^2=50\ 000^2\times2^2+90\ 000^2\times3^2=8.29\times10^{10}\mathrm{mm}^4$$

面积中误差为

$$\sigma_S=2.88\times10^5\mathrm{mm}^2\approx0.29\mathrm{m}^2$$

2.3.5 误差传播律应用步骤

根据误差传播律的一般性质，可得出应用误差传播律的实际步骤：

（1）根据具体测量问题，分析写出函数表达式 $Z=f(x_1, x_2, \cdots, x_n)$。

（2）根据函数表达式写出真误差关系式 $\Delta_Z=\frac{\partial f}{\partial x_1}\Delta_{x_1}+\frac{\partial f}{\partial x_2}\Delta_{x_2}+\cdots+\frac{\partial f}{\partial x_n}\Delta_{x_n}$。

（3）应用误差传播律将真误差关系式转换成中误差关系式计算 Z 的中误差。若观测值相互独立，按式（2-19）转换；若观测值不独立，按式（2-20）或式（2-22）转换。

【例 2 - 7】 如图 2 - 4 所示，在极坐标测量中，A、B 为已知点，P 点为待定点，通过测量角度 β 和距离 S 计算 P 点的坐标（β 和 S 是独立的观测量）。

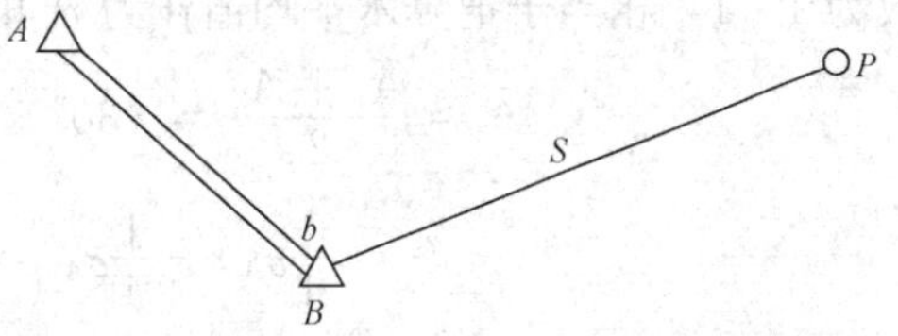

图 2 - 4

P 点坐标的计算公式为

$$x_P = x_B + S\cos(\alpha_{BA} + \beta)$$
$$y_P = y_B + S\sin(\alpha_{BA} + \beta)$$

求 P 点的点位中误差。

解　要求 P 点的点位中误差，即求 $\sigma_P = \pm\sqrt{\sigma_{x_P}^2 + \sigma_{y_P}^2}$，先求 $\sigma_{x_P}^2$ 和 $\sigma_{y_P}^2$。

首先对函数式

$$x_P = x_B + S\cos(\alpha_{BA} + \beta)$$
$$y_P = y_B + S\sin(\alpha_{BA} + \beta)$$

进行全微分，得

$$dx_P = \cos(\alpha_{BA} + \beta)dS + \frac{S\sin(\alpha_{BA} + \beta)}{\rho''}d\beta$$
$$dy_P = \sin(\alpha_{BA} + \beta)dS + \frac{S\cos(\alpha_{BA} + \beta)}{\rho''}d\beta$$

应用误差传播律式（2 - 19）得

$$\sigma_{x_P}^2 = \cos^2(\alpha_{BA} + \beta)\sigma_S^2 + \left(\frac{S\sin(\alpha_{BA} + \beta)}{\rho''}\right)^2\sigma_\beta^2$$
$$\sigma_{y_P}^2 = \sin^2(\alpha_{BA} + \beta)\sigma_S^2 + \left(\frac{S\cos(\alpha_{BA} + \beta)}{\rho''}\right)^2\sigma_\beta^2$$

2.3.6　若干独立误差的联合影响

测量工作中经常会遇到这种情况：一个观测结果同是地受到许多独立误差的联合影响。例如照准误差、读数误差、目标偏心误差和仪器偏心误差对测角的影响。在这种情况下，观测结果的真误差是各个独立误差的代数和，即

$$\Delta_Z = \Delta_1 + \Delta_2 + \cdots + \Delta_n \qquad (2-39)$$

由于这里的真误差是相互独立的，各种误差的出现都是纯属偶然（随机）的，因而也可由上式并顾及 $\sigma_{ij} = 0$ 得出它们之间的方差关系式 $\sigma_Z^2 = \sigma_1^2 + \sigma_2^2 + \cdots + \sigma_n^2$，即观测结果的方差 σ_Z^2，等于各独立误差所对应的方差之和。

2.4　权与定权的常用方法

2.4.1　权的概念

1. 权的定义

在测量数据处理中，对于某一观测量不同精度的一组观测值，计算该观测量的最或是值时，能不能将这些观测值等同看待呢？先看一个例子。

设对一个已知角 A(A=30°25′36″) 进行两次不同精度的观测，其观测值为 A_1=30°25′34″，A_2=30°25′42″，它们的中误差分别为 2.0″、4.0″。试求该角的最或是值及其中误差。

第一种处理方法是将 A_1 和 A_2 等同看待，即它们在计算 A 角的最或是值时，所占的份

数为 1∶1，相当于把算术平均值作为 A 角的最或是值，则有

$$\hat{A}=\frac{A_1+A_2}{2}=(30°25'34''+30°25'42'')/2=30°25'38''$$

$$\sigma_{\hat{A}}^2=\frac{1}{4}\sigma_{A_1}^2+\frac{1}{4}\sigma_{A_2}^2=\frac{1}{4}(2.0'')^2+\frac{1}{4}(4.0'')^2=5''$$

$$\sigma_{\hat{A}}=2.24''$$

由计算结果可知，按这种方法得到最或是值的中误差还没有观测值 A_1 的精度高，可见，当观测值精度不相同时，不能用算术平均值作为 A 角的最或是值。由于 A_1 的精度高于 A_2 的精度，从直观上可知，在数据处理时，A_1 的所占分量应该比 A_2 的多，假设它们的分量比 4∶1，其结果如何呢?

第二种处理方法是二者所占的份数比为 4∶1，通过计算可得出

$$\hat{A}=\frac{4A_1+A_2}{5}=30°25'35.6''$$

$$\sigma_{\hat{A}}^2=\frac{16}{25}\sigma_{A_1}^2+\frac{1}{25}\sigma_{A_2}^2=3.2''$$

$$\sigma_{\hat{A}}=1.79''$$

这样处理比第一种处理方法要好，最或是值的精度较高。但若二者的比例进一步加大，是否精度还会提高呢?

第三种处理方法是二者的份数比为 10∶1，经过计算可得出计算可得出最或是值的精度为

$$\sigma_{\hat{A}}=1.85''$$

第三种方法得到的最或是值的精度还没有第二者处理方法的精度高，这就说明一个问题：如果观测值的观测精度不相同，在做数据处理时，不能将观测值等同看待，而应该让精度高的观测值参与计算所占的比重大一些，精度低的观测值参与计算所占的比重小一些，并且二者的比重关系还必须适当，这样计算得到的观测量的最或是值精度最高。

可见，在测量数据处理中，不仅需要用中误差表示观测量的绝对精度的高低，还需要引入一个表示观测值之间精度相对高低的指标，这个指标在测量中就称其为权，用符号 P 表示。即权是表示精度相对高低的数字特征。

$$P_i=\frac{\sigma_0^2}{\sigma_i^2} \tag{2-40}$$

式中 P_i——第 i 个观测值的权；

σ_0——比例常数，可任意选取。

由权的定义式可写出各观测值之间的比例关系为

$$P_1:P_2:\cdots:P_n=\frac{\sigma_0^2}{\sigma_1^2}:\frac{\sigma_0^2}{\sigma_2^2}:\cdots:\frac{\sigma_0^2}{\sigma_n^2}=\frac{1}{\sigma_1^2}:\frac{1}{\sigma_2^2}:\cdots:\frac{1}{\sigma_n^2} \tag{2-41}$$

可见，对于一组观测值，其权之比等于相应方差的倒数之比，观测值的方差越小，其权越大；反之，其权越小。即观测值的权与其方差成反比。因此，权可以作为比较观测值之间的精度高低的一种指标。

2. 权的意义

(1) 权也是精度指标，是观测值的相对精度指标，权的意义不在于它们本身数值的大

小，重要的是一组观测值相互之间精度所存在的比例关系。这组观测值可以是同类性质的观测值，也可以是不同类性质的观测值。

(2) 平差计算之前，精度的绝对数字特征（方差）往往是不知道的，而精度的相对数字特征（权）却可以根据事先给定的条件予以确定，然后根据平差的结果估算出表示精度的绝对的数字指标（方差）。

如图 2-5 所示的水准网中，h_1、h_2、h_3、h_4、h_5、h_6 是各路线的观测高差，$S_1=1.0\text{km}$，$S_2=2.0\text{km}$，$S_3=2.5\text{km}$，$S_4=4.0\text{km}$，$S_5=8.0\text{km}$，$S_6=10.0\text{km}$ 是各水准路线长度，水准网中的所有水准路线都是按同一等级的水准测量规范的技术要求进行观测的，一般可以认为每千米观测高差的精度是相同的，由此就可确定各条路线的权，而且不需要知道每千米观测值中误差的具体数值。

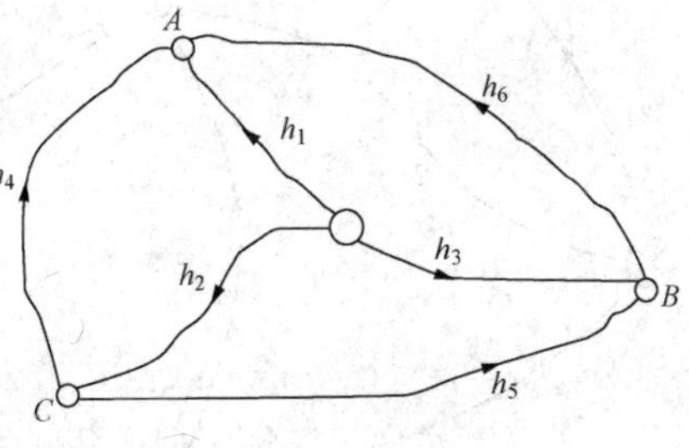

图 2-5

设每千米观测值高差的方差为 $\sigma^2_{千米}$，按协方差传播律，各水准路线的方差为

$$\sigma_1^2=S_1\sigma^2_{千米},\quad \sigma_2^2=S_2\sigma^2_{千米},\quad \sigma_3^2=S_3\sigma^2_{千米}$$

$$\sigma_4^2=S_4\sigma^2_{千米},\quad \sigma_5^2=S_5\sigma^2_{千米},\quad \sigma_6^2=S_6\sigma^2_{千米}$$

令 $\sigma_0^2=\sigma_1^2$，按权的定义，各路线观测值的权及其比例关系为

$$P_1=1.000,\quad P_2=0.500,\quad P_3=0.400,\quad P_4=0.250,\quad P_5=0.125,\quad P_6=0.100$$

$$P_1:P_2:P_3:P_4:P_5:P_6=40:20:16:10:5:4$$

令 $\sigma_0^2=\sigma_6^2$，按权的定义，各路线观测值的权及其比例关系为

$$P_1=10.00,\quad P_2=5.00,\quad P_3=4.00,\quad P_4=2.50,\quad P_5=1.25,\quad P_6=1.00$$

$$P_1:P_2:P_3:P_4:P_5:P_6=40:20:16:10:5:4$$

对于不同的 σ_0^2，得到的观测值的权是不相同的，因此通过权的人小可以反映各观测高差精度相对高低。对于一组已知方差的观测值而言：

(1) 选定了一个 σ_0^2 值，即有一组对应的权。或者说，有一组权，必有一个对应的 σ_0^2 值。

(2) 一组观测值的权，其大小是随 σ_0^2 的不同而异，但不论 σ_0^2 选用何值，权之间的比例关系始终不变。

(3) 为了使权能起到比较精度高低的作用，在同一问题中只能选定一个 σ_0^2 值，否则就破坏了权之间的比例关系。

(4) 事先给出一定的条件，就可以确定出观测值的权的数值。

(5) 权是用来比较各观测值相互之间精度高低的，权的意义不在于它们本身数值的大小，重要的是它们之间所存在的比例关系。

2.4.2　单位权中误差

由权的定义式（2-40）可知，当权 $P_i=1$ 时，$\sigma_0=\sigma_i$，也就是说 σ_0 是权为 1 的观测值的中误差。在测量中权为 1 的观测值称为单位权观测值，与之相应的中误差称为单位权观测值的中误差，简称单位权中误差，可见 σ_0 的真实意义就是单位权中误差。

2.4.3 测量中定权的常用方法举例

前面已经提到，在测量实际工作中，往往是要根据事先给定的条件，先确定出各观测值的权，也就是先确定它们精度的相对数字指标，然后通过平差计算，一方面求出各观测值的最可靠值，另一方面求出它们精度的绝对数字指标。下面将从权的定义式（2-40）及式（2-41）出发，对于测量作业中经常遇到的几种情况，导出其实用的定权公式。这些定权方法称为定权的常用方法。

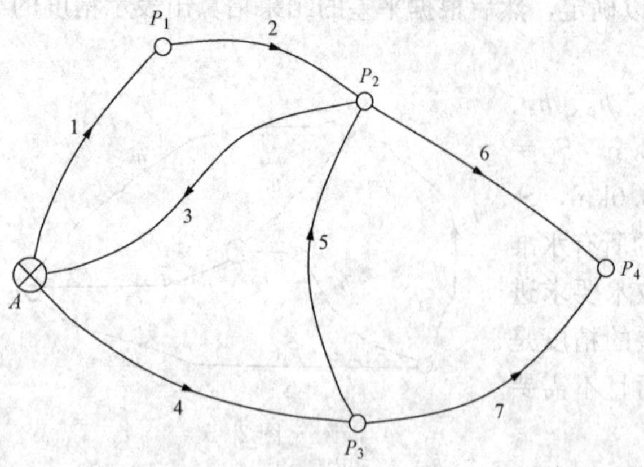

图 2-6

1. 水准测量的权

设在图 2-6 所示的水准网中，有 n（=7）条水准路线，现沿每一条路线测定两点间的高差，得各路线的观测高差为 h_1，h_2，…，h_n，各路线的测站数分别为 N_1，N_2，…，N_n。

设每一测站观测高差的精度相同，其中误差均为 $\sigma_{站}$，则各路线观测高差的中误差为

$$\sigma_i = \sqrt{N_i}\sigma_{站}(i=1,2,\cdots,n) \tag{2-42}$$

如以 P_i 代表 h_i 的权，并设单位权中误差为

$$\sigma_0 = \sqrt{C}\sigma_{站} \tag{2-43}$$

则将式（2-42）和式（2-43）代入式（2-40）可得

$$P_i = \frac{C}{N_i}(i=1,2,\cdots,n) \tag{2-44}$$

且有关系

$$P_1 : P_2 : \cdots : P_n = \frac{C}{N_1} : \frac{C}{N_2} : \cdots : \frac{C}{N_n} = \frac{1}{N_1} : \frac{1}{N_2} : \cdots : \frac{1}{N_n} \tag{2-45}$$

即当各测站的观测高差为同精度时，各路线的权与测站数成反比。

由式（2-45）可知，如果某段高差的测站数 $N_i=1$，则它的权为：$P_i=C$；而当 $P_i=1$ 时，有：$N_i=C$。可见，常数 C 有两个意义：①C 是一测站的观测高差的权；②C 是单位权观测高差的测站数。

在水准测量中，如果已知一千米的观测高差的中误差均相等，设为 σ_{km}，又已知各路线的距离为 S_1，S_2，…，S_n，则可知各路线观测高差的中误差为

$$\sigma_i = \sqrt{S_i}\sigma_{km} \tag{2-46}$$

若令

$$\sigma_0 = \sqrt{C}\sigma_{km} \tag{2-47}$$

则得

$$P_i = \frac{C}{S_i}(i=1,2,\cdots,n) \tag{2-48}$$

$$P_1 : P_2 : \cdots : P_n = \frac{C}{S_1} : \frac{C}{S_2} : \cdots : \frac{C}{S_n} = \frac{1}{S_1} : \frac{1}{S_2} : \cdots : \frac{1}{S_n} \tag{2-49}$$

即当每千米观测高差为同精度时，各路线观测高差的权与距离的千米数成反比。

由式（2-49）可知，若 $S_i=1$ 时，则 $P_i=1$ 时，$S_i=C$。可见，这里的 C 的意义是：①C是 1 千米观测高差的权；②C 是单位权观测高差的线路千米数。

在水准测量中，究竟用水准路线的距离 S 定权，还是用测站数 N 定权，这要视具体情况而定。一般说来，在起伏不大的地区，每千米的测站数大致相同，则可按水准路线的距离定权；而在起伏较大的地区，每千米的测站数相差较大，则按测站数定权。

2. 同精度观测值的算术平均值的权

设有 L_1，L_2，…，L_n，它们分别为 N_1，N_2，…，N_n 次同精度观测值的平均值，若每次观测的中误差均为 σ，则由式（2-30）可知，L_i 的中误差为

$$\sigma_i=\frac{\sigma}{\sqrt{N_i}}(i=1,2,\cdots,n) \tag{2-50}$$

令

$$\sigma_0=\frac{\sigma}{\sqrt{C'}} \tag{2-51}$$

则由权的定义可得 L_i 的权 P_i 为

$$P_i=\frac{N_i}{C'}(i=1,2,\cdots,n) \tag{2-52}$$

即由不同次数的同精度观测值所算得的算术平均值，其权与观测次数成正比。

若令 $N_i=1$，则 $C'=\frac{1}{P_i}$；而当 $P_i=1$，$C'=N_i$。所以 C' 也有两个意义：①C' 是一次观测的权倒数；②C' 是单位权观测值的观测次数。

虽说 C' 可以任意确定，但不论 C' 取何值，权的比例关系不会改变，C' 一经确定，单位权观测值也就确定了。

以上几种常用的定权方法的共同特点是，虽然它们都是以权的定义式为依据的，但是在实际定权时，并不需要知道各观测值方差的具体数字，而只要应用测站数、千米数等就可以定权了。要强调的是，在用这些方法定权时，必须注意它们的前提条件，例如，用测站数来定观测高差的权时，必须满足“每测站观测高差的精度均相等”这一前提条件，否则，就不能应用这个定权公式。

2.5　协因数传播律及应用

2.5.1　观测值的协因数

由权的定义可知，观测值的权与它的方差成反比，设有观测值 L_i 和 L_j，它们的方差分别为 σ_i^2 和 σ_j^2，它们之间的协方差为 σ_{ij}，令

$$\left.\begin{aligned} Q_{ii}&=\frac{1}{P_i}=\frac{\sigma_i^2}{\sigma_0^2}\\ Q_{jj}&=\frac{1}{P_j}=\frac{\sigma_j^2}{\sigma_0^2}\\ Q_{ij}&=\frac{\sigma_{ij}}{\sigma_0^2} \end{aligned}\right\} \tag{2-53}$$

则称 Q_{ii} 和 Q_{jj} 分别为 L_i 和 L_j 的协因数或权倒数，而称 Q_{ij} 为 L_i 关于 L_j 的协因数（互协因

数）或相关权倒数。

由上述定义可以看出，观测值的协因数与方差成正比，因而协因数与权有类似作用，也是比较观测值精度高低的一种指标。互协因数与协方差成正比，是比较观测值之间相关程度的一种指标。互协因数的绝对值越大，表示观测值相关程度越高，反之越低。互协因数为正，表示观测值正相关；互协因数为负，表示观测值互相关；互协因数为零，表示观测值之间不相关，也称为独立观测值。

2.5.2 观测值的协因数阵和权阵

当一组观测值 L_1，L_2，…，L_n 构成观测值向量 $\underset{n\times 1}{\boldsymbol{L}}$，每个观测值均有自己的协因数，任意两个观测值之间也有互协因数，与向量的方差阵类似，我们也定义出协因数阵，令

$$\boldsymbol{Q}_{LL}=\begin{bmatrix} Q_{11} & Q_{12} & \cdots & Q_{1n} \\ Q_{21} & Q_{22} & \cdots & Q_{2n} \\ \vdots & \vdots & & \vdots \\ Q_{n1} & Q_{n2} & \cdots & Q_{nn} \end{bmatrix} \tag{2-54}$$

$\boldsymbol{Q}_{LL}$ 称为观测值向量 L 的协因数。协因数中：主对角线上的元素分别为各个观测值的协因数（权倒数），非主对角线上的元素为相应观测值之间的互协因数（相关权倒数），$\boldsymbol{Q}_{ij}=\boldsymbol{Q}_{ji}$。

当观测值之间相互独立时，式（2-54）变为

$$\boldsymbol{Q}_{LL}=\begin{bmatrix} Q_{11} & 0 & \cdots & 0 \\ 0 & Q_{22} & \cdots & 0 \\ \vdots & \vdots & & \vdots \\ 0 & 0 & \cdots & Q_{nn} \end{bmatrix} \tag{2-55}$$

协因数阵可以表示观测向量的相对精度，但在相关平差计算中，常常直接用其逆阵参与运算，定义协因数阵的逆阵为观测向量的权阵，用 $\boldsymbol{P}$ 表示，即

$$\boldsymbol{P}=\boldsymbol{Q}^{-1}=\begin{bmatrix} Q_{11} & Q_{12} & \cdots & Q_{1n} \\ Q_{21} & Q_{22} & \cdots & Q_{2n} \\ \vdots & \vdots & & \vdots \\ Q_{n1} & Q_{n2} & \cdots & Q_{nn} \end{bmatrix}^{-1}=\begin{bmatrix} P_{11} & P_{12} & \cdots & P_{1n} \\ P_{21} & P_{22} & \cdots & P_{2n} \\ \vdots & \vdots & & \vdots \\ P_{n1} & P_{n2} & \cdots & P_{nn} \end{bmatrix} \tag{2-56}$$

当然，协因数阵与权阵互为逆阵，即 $\boldsymbol{Q}=\boldsymbol{P}^{-1}$。从以上讨论中可以看出：对单个观测值来说，其相对精度指标为权的协因数，二者互为倒数；对观测值向量来说，其相对精度指标为协因数阵和权阵，二者互为逆阵关系。但要注意观测值的协因数均可在其观测向量的协因数中（主对角线上的元素）找出，而观测值的权不一定能在其观测向量的权阵中找出。换句话说，权阵中主对角线上的元素并不一定是观测值的权。这要分两种情况来看，若观测值之间相互独立，权阵为对角阵，此时，主对角线上的元素为相应观测值的权；当观测值之间不相互独立时，权阵中的主对角线上的元素不是相应观测值的权，但它们的作用与观测值的权相同，即它们之间的比例关系与观测值权之间的比例关系相同，若求观测值的权，必须求出相应的协因数阵，再利用观测值的权与其协因数互为倒数关系来求。

2.5.3 协因数传播律及权倒数传播律

由协因数和协因数阵的定义可知，协因数阵可以由等于单位权方差因子乘方差阵乘上常数 $\frac{1}{\sigma_0^2}$ 得到，而且观测向量的协因数阵的对角元素是相应的权倒数。因此，有了协因数和协因

数阵的概念，根据协因数传播律，可以方便地得到由观测向量的协因数阵求其函数的协因数阵的计算公式，从而也就得到了协因数的权。

设有观测值$\underset{n,1}{\boldsymbol{X}}$，已知它的协因数阵为$\underset{n,n}{\boldsymbol{Q}_{XX}}$，又设有 X 的函数$\underset{r,1}{\boldsymbol{Y}}$和$\underset{t,1}{\boldsymbol{Z}}$

$$\boldsymbol{Y}=\boldsymbol{FX}+\boldsymbol{F}^0$$
$$\boldsymbol{Z}=\boldsymbol{KX}+\boldsymbol{K}^0$$

下面根据协方差传播律来导出由 $\boldsymbol{Q}_{XX}$ 求 $\boldsymbol{Q}_{YY}$、$\boldsymbol{Q}_{ZZ}$ 和 $\boldsymbol{Q}_{YZ}$ 的公式。

假定 X 的方差阵为$\underset{n,n}{\boldsymbol{D}_{XX}}$，单位权方差为 σ_0^2，则按协方差传播律知，$\boldsymbol{Y}$ 和 $\boldsymbol{Z}$ 的协方差阵为

$$\left.\begin{aligned}\boldsymbol{D}_{YY}&=\boldsymbol{FD}_{XX}\boldsymbol{F}^{\mathrm{T}}\\ \boldsymbol{D}_{ZZ}&=\boldsymbol{KD}_{XX}\boldsymbol{K}^{\mathrm{T}}\end{aligned}\right\}\tag{2-57}$$

$\boldsymbol{Y}$ 关于 $\boldsymbol{Z}$ 的互协方差阵为

$$\boldsymbol{D}_{YZ}-\boldsymbol{FD}_{XX}\boldsymbol{K}^{\mathrm{T}}\tag{2-58}$$

又因为

$$\left.\begin{aligned}\boldsymbol{D}_{XX}&=\sigma_0^2\boldsymbol{Q}_{XX},\boldsymbol{D}_{YY}=\sigma_0^2\boldsymbol{Q}_{YY}\\ \boldsymbol{D}_{ZZ}&=\sigma_0^2\boldsymbol{Q}_{ZZ},\boldsymbol{D}_{YZ}=\sigma_0^2\boldsymbol{Q}_{YZ}\end{aligned}\right\}\tag{2-59}$$

所以

$$\left.\begin{aligned}\sigma_0^2\boldsymbol{Q}_{YY}&=\boldsymbol{F}(\sigma_0^2\boldsymbol{Q}_{XX})\boldsymbol{F}^{\mathrm{T}}\\ \sigma_0^2\boldsymbol{Q}_{ZZ}&=\boldsymbol{K}(\sigma_0^2\boldsymbol{Q}_{XX})\boldsymbol{K}^{\mathrm{T}}\\ \sigma_0^2\boldsymbol{Q}_{YZ}&=\boldsymbol{F}(\sigma_0^2\boldsymbol{Q}_{XX})\boldsymbol{K}^{\mathrm{T}}\end{aligned}\right\}\tag{2-60}$$

再将式（2-60）都除以 σ_0^2，即得

$$\left.\begin{aligned}\boldsymbol{Q}_{YY}&=\boldsymbol{FQ}_{XX}\boldsymbol{F}^{\mathrm{T}}\\ \boldsymbol{Q}_{ZZ}&-\boldsymbol{KQ}_{XX}\boldsymbol{K}^{\mathrm{T}}\\ \boldsymbol{Q}_{YZ}&=\boldsymbol{FQ}_{XX}\boldsymbol{K}^{\mathrm{T}}\end{aligned}\right\}\tag{2-61}$$

这就是观测值的协因数阵与其线性函数的协因数阵的关系式，通常称为协因数传播律，或称之为权逆阵传播律。

2.6　由真误差计算中误差的实际应用

2.6.1　由三角形闭合差求测角中误差

众所周知，平面三角形的三个内角之和的理论值为 180°。因此，三角形闭合差实为三角形三个内角和的真误差。因三角网中的每一个角度都是精度观测值，所以，每一个三角形的三个内角之和也是等精度的。

设三角形内角和的闭合差分别为：ω_1，ω_2，…，ω_n，则可得三角形内角和的中误差为

$$\sum\sigma=\lim_{n\to\infty}\sqrt{\frac{[\omega\omega]}{n}}\tag{2-62}$$

式中　n——三角形的个数。

设$\sum i$ 为第 i 个三角形的三个内角之和，则$\sum i=\alpha_i+\beta_i+\gamma_i$，若每一个角度观测值的中误差为 β，则由协方差转播律知：$\sum\sigma=\sqrt{3}\sigma_\beta$，所以测角中误差为 $\sigma_\beta=\sum\sigma/\sqrt{3}$，当三角形个数 n 有限时，其估值为：

$$\hat{\sigma_\beta}=\sqrt{\frac{[\tilde{\omega}\tilde{\omega}]}{3n}} \tag{2-63}$$

此式为菲列罗公式，用于初步评定测角的精度。

2.6.2 由双观测值之差求中误差

设对量 X_1，X_2，…，X_n 同精度各测两次，得独立观测值为

$$L'_1, L'_2, \cdots, L'_n$$
$$L''_1, L''_2, \cdots, L''_n$$

式中，L'_i和 L''_i是对 X_i 的两次观测结果，称为观测对。各观测对两次观测结果之差为：

$$L'_i - L''_i = d_i (i=1,2,\cdots,n)$$

若观测不含误差，则各观测对两观测值之差 d_i 应为零，亦即观测对内双观测之差数的真值为 0。

设 Δd_i 为各差数的真误差，则 $\Delta d_i = 0 - d_i = -d_i$

由前知 $$\sigma_{\Delta d}=\sigma_d=\lim_{n\to\infty}\sqrt{\frac{[dd]}{n}}$$

设观测值的中误差为 σ_d，由协方差传播知：$\sigma_d=\sqrt{2}\sigma_L$，即 $\sigma_\Delta=\sigma_d/\sqrt{2}$。

当 n 有限时 $$\sigma_L=\sigma_d/\sqrt{2}=\pm\sqrt{\frac{[dd]}{2n}}$$

若对每对取平均值，则平均值 X_i 的中误差为

$$\sigma_X=\pm\frac{1}{2}\sqrt{\frac{[dd]}{n}} \tag{2-64}$$

第3章　条　件　平　差

3.1　条件平差原理

3.1.1　必要观测与多余观测

必要观测是为了确定未知量而必须观测的量，通常以 t 表示。比如，对一个平面三角形，如果仅仅为了确定其形状，至少要观测任意两个内角，这就是必要观测。但在测量工作中，为了提高观测精度和及时发现错误，通常也对第三个内角进行观测，这第三个角就为“多余观测”。但凡超过必要观测数的观测数，相对于必要观测而言，称为多余观测，通常以 r 表示。设观测总数为 n，则有

$$r=n-t \tag{3-1}$$

由于测量工作总是要进行多余观测，而观测中不可避免地有误差存在，于是观测值之间出现了矛盾，测量平差就是根据最小二乘原理，正确地消除各观测值之间的矛盾，合理地分配误差，求出观测值及其函数的最或然值，同时评定测量结果的精度。

3.1.2　条件平差的基本思想

在控制网中，由于有多余观测，而观测量之间又受到几何上的约束，形成了一定的条件；又因为观测值存在误差，所以观测值不能满足几何条件而产生闭合差。条件平差就是要根据观测元素之间的几何条件，按最小二乘原理求得各观测值的最或然值，以消除因多余观测而产生的不符值，并做出相应的精度评定。

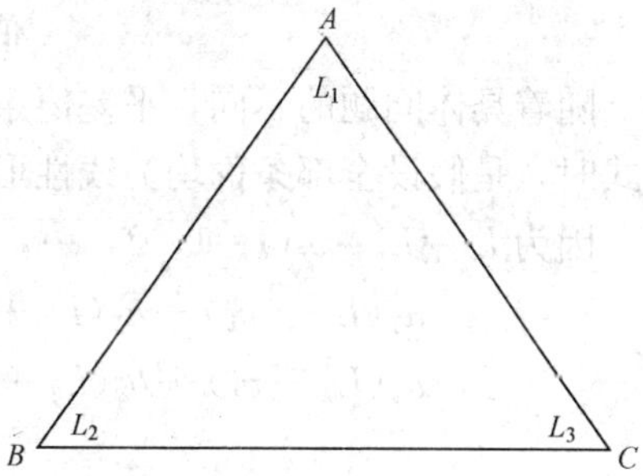

图 3-1

在图 3-1 的三角形中，直接观测了角度 L_1、L_2、L_3，为了确定三角形的形状，只要观测两个角度就够了，即必要观测数 $t=2$。而我们观测了三个内角，则 $n=3$，因为有了多余观测（$r=1$），所以在观测值的最或然值 $\hat{L}_1$、$\hat{L}_2$、$\hat{L}_3$ 之间产生了一个条件，即

$$\hat{L}_1+\hat{L}_2+\hat{L}_3-180^\circ=0 \tag{3-2}$$

式（3-2）称为平差值条件方程。由于存在观测误差，所以有

$$L_1+L_2+L_3-180^\circ=\omega \tag{3-3}$$

因观测量最或然值等于观测值加改正数，即式（3-2）为

$$(L_1+v_1)+(L_2+v_2)+(L_3+v_3)-180^\circ=0 \tag{3-4}$$

将式（3-3）代入式（3-4）得

$$v_1+v_2+v_3+\omega=0 \tag{3-5}$$

即观测值的改正数 v_1、v_2、v_3 与不符值 ω 的代数和应当为零。

在测量平差中式（3-2）称为平差值条件方程。式（3-5）被称为改正数条件方程，v_i 为条件方程的未知数（即改正数），ω 为条件方程自由项（即闭合差）。显然，要根据上面一

个方程来确定三个待定的改正数，其解不是唯一的。即可以求得无数组解，根据最小二乘法的原理，要找出其中能使$[pvv]=\min$（最小）的一组 v 值，在数学上是求条件极值的问题，即求解满足式（3-5）和能使$[pvv]=\min$（最小）的改正数值，这一方法称为条件平差法。

3.1.3 条件平差的基本原理

1. 条件方程的列立

用条件平差法求平差值时，首先要确定条件方程的个数和列立条件方程，条件方程的列立应遵循以下几点原则：

(1) 条件方程应足数，即条件方程的个数等于多余观测数，即 $r=n-t$。

(2) 条件方程式之间互相独立。

(3) 可以选择形式简单、便于计算的条件来代替较为复杂的条件。

设平差问题中，有 n 个观测值 L_1、L_2、…、L_n，其改正数为 v_1、v_2、…、v_n，观测值相应的权为 p_1、p_2、…、p_n。

若多余观测数 $r=3$，则有三个平差值条件方程如下：

$$\left.\begin{aligned}a_1\hat{L}_1+a_2\hat{L}_2+\cdots+a_n\hat{L}_n+a_0=0\\b_1\hat{L}_1+b_2\hat{L}_2+\cdots+b_n\hat{L}_n+b_0=0\\c_1\hat{L}_1+c_2\hat{L}_2+\cdots+c_n\hat{L}_n+c_0=0\end{aligned}\right\}\tag{3-6}$$

式中 $\hat{L}_1$、$\hat{L}_2$、…、$\hat{L}_n$——平差值；

a_i、b_i、$c_i(i=1, 2, \cdots, n)$——平差值条件方程的系数，随方程的条件不同而取不同的值，a_0、b_0、…、r_0 为条件方程的常数项。

随着具体问题的不同，平差值条件方程有线性形式，也有非线性形式。下面在进行推导公式时，是假设全部条件均为线性形式。

因为 $\hat{L}_i=L_i+v_i(i=1, 2, \cdots, n)$，所以式（3-6）可写为：

$$\left.\begin{aligned}a_1(L_1+v_1)+a_2(L_2+v_2)+\cdots+a_n(L_n+v_n)+a_0=0\\b_1(L_1+v_1)+b_2(L_2+v_2)+\cdots+b_n(L_n+v_n)+b_0=0\\\cdots\\r_1(L_1+v_1)+r_2(L_2+v_2)+\cdots+r_n(L_n+v_n)+r_0=0\end{aligned}\right\}\tag{3-7}$$

令

$$\left.\begin{aligned}a_1L_1+a_2L_2+\cdots+a_nL_n+a_0=\omega_a\\b_1L_1+b_2L_2+\cdots+b_nL_n+b_0=\omega_b\\\cdots\\r_1v_1+r_2v_2+\cdots+r_nv_n+r_0=\omega_r\end{aligned}\right\}\tag{3-8}$$

式中 ω_a、ω_b、…、ω_r——条件方程的闭合差。

将上式代入式（3-7），得

$$\left.\begin{aligned}a_1v_1+a_2v_2+\cdots+a_nv_n+\omega_a=0\\b_1v_1+b_2v_2+\cdots+b_nv_n+\omega_b=0\\\cdots\\r_1v_1+r_2v_2+\cdots+r_nv_n+\omega_r=0\end{aligned}\right\}\tag{3-9}$$

式（3-9）即为有 n 个未知数 v_i 的条件方程。现设

$$\underset{r\times n}{\boldsymbol{A}}=\begin{pmatrix}a_1 & a_2 & \cdots & a_n\\ b_1 & b_2 & \cdots & b_n\\ \vdots & \vdots & \vdots & \vdots\\ r_1 & r_2 & \cdots & r_n\end{pmatrix},\underset{n\times 1}{\boldsymbol{L}}=\begin{pmatrix}L_1\\ L_2\\ \vdots\\ L_n\end{pmatrix},\underset{n\times 1}{\hat{\boldsymbol{L}}}=\begin{pmatrix}\hat{L}_1\\ \hat{L}_2\\ \vdots\\ \hat{L}_n\end{pmatrix}$$

$$\underset{n\times 1}{\boldsymbol{V}}=\begin{pmatrix}v_1\\ v_2\\ \vdots\\ v_n\end{pmatrix},\underset{r\times 1}{\boldsymbol{W}}=\begin{pmatrix}\omega_{\mathrm{a}}\\ \omega_{\mathrm{b}}\\ \vdots\\ \omega_{\mathrm{r}}\end{pmatrix},\underset{r\times 1}{\boldsymbol{A}_0}=\begin{pmatrix}a_0\\ b_0\\ \vdots\\ r_0\end{pmatrix}$$

则式（3-8）、式（3-9）可用矩阵表达式成

$$\begin{aligned}\underset{r\times n}{\boldsymbol{A}}\underset{n\times 1}{\boldsymbol{V}}+\underset{r\times 1}{\boldsymbol{W}}&=\underset{r\times 1}{\boldsymbol{0}}\\ \underset{r\times 1}{\boldsymbol{W}}&=\underset{r\times n}{\boldsymbol{A}}\underset{n\times 1}{\boldsymbol{L}}+\underset{r\times 1}{\boldsymbol{A}_0}\end{aligned}\tag{3-10}$$

2. 组成法方程

因为多余观测数等于条件方程的个数，而多余观测数只是观测量总个数 n 的一部分。所以，未知量的数目总是大于条件方程的数目，即 $n>r$。故式（3-9）的解是不定的。而我们所需要的是其中能使 $[pvv]=\min$（最小）的一组 v 值。为了求得一组既能满足条件方程式（3-9），而又能使 $[pvv]=\min$ 的 v 值，采用数学中求条件极值的方法。为此，构造拉格朗日函数：

$$\begin{aligned}\Phi=F(v_1,v_2,\cdots,v_n)=&(p_1v_1^2+p_2v_2^2+\cdots+p_nv_n^2)-2k_{\mathrm{a}}(a_1v_1+a_2v_2+\cdots+a_nv_n+\omega_{\mathrm{a}})\\ &-2k_{\mathrm{b}}(b_1v_1+b_2v_2+\cdots+b_nv_n+\omega_{\mathrm{b}})\\ &\cdots\quad\cdots\quad\cdots\quad\cdots\quad\cdots\\ &-2k_{\mathrm{r}}(r_1v_1+r_2v_2+\cdots+r_nv_n+\omega_{\mathrm{r}})\end{aligned}\tag{3-11}$$

式中　系数 $-2k_{\mathrm{a}}$、$-2k_{\mathrm{b}}$……$-2k_{\mathrm{r}}$——在数学中称为拉格朗日乘数。在测量平差中，常称这些 k 为联系数，其个数与条件方程的个数相同。

为求该函数 Φ 的极值，应对式（3-11）中的各个变量 v_i 求其一阶偏导数，并令其等于零。于是有

$$\left.\begin{aligned}\frac{\partial\Phi}{\partial v_1}&=2p_1v_1-2a_1k_{\mathrm{a}}-2b_1k_{\mathrm{b}}-\cdots-2r_1k_{\mathrm{r}}=0\\ \frac{\partial\Phi}{\partial v_2}&=2p_2v_2-2a_2k_{\mathrm{a}}-2b_2k_{\mathrm{b}}-\cdots-2r_2k_{\mathrm{r}}=0\\ &\cdots\\ \frac{\partial\Phi}{\partial v_n}&=2p_nv_n-2a_nk_{\mathrm{a}}-2b_nk_{\mathrm{b}}-\cdots-2r_nk_{\mathrm{r}}=0\end{aligned}\right\}\tag{3-12}$$

由式（3-12）可解得一组值

$$\left.\begin{aligned}v_1&=\frac{1}{p_1}(a_1k_{\mathrm{a}}+b_1k_{\mathrm{b}}+\cdots+r_1k_{\mathrm{r}})\\ v_2&=\frac{1}{p_2}(a_2k_{\mathrm{a}}+b_2k_{\mathrm{b}}+\cdots+r_2k_{\mathrm{r}})\\ &\cdots\\ v_n&=\frac{1}{p_n}(a_nk_{\mathrm{a}}+b_nk_{\mathrm{b}}+\cdots+r_nk_{\mathrm{r}})\end{aligned}\right\}\tag{3-13}$$

式（3-13）称为改正数方程。

为了求得各改正数 v 值，就必须先求出联系数 k_a、k_b、…、k_r 的值。为此将式（3-13）的 v_i 分别代入式（3-9），并按 k 集项，可得

$$\left(\frac{a_1a_1}{p_1}+\frac{a_2a_2}{p_2}+\cdots+\frac{a_na_n}{p_n}\right)k_a+\left(\frac{a_1b_1}{p_1}+\frac{a_2b_2}{p_2}+\cdots+\frac{a_nb_n}{p_n}\right)k_b+$$
$$\cdots+\left(\frac{a_1r_1}{p_1}+\frac{a_2r_2}{p_2}+\cdots+\frac{a_nr_n}{p_n}\right)k_r+\omega_a=0$$
$$\left(\frac{a_1b_1}{p_1}+\frac{a_2b_2}{p_2}+\cdots+\frac{a_nb_n}{p_n}\right)k_a+\left(\frac{b_1b_1}{p_1}+\frac{b_2b_2}{p_2}+\cdots+\frac{b_nb_n}{p_n}\right)k_b+$$
$$\cdots+\left(\frac{b_1r_1}{p_1}+\frac{b_2r_2}{p_2}+\cdots+\frac{b_nr_n}{p_n}\right)k_r+\omega_b=0$$
$$\left(\frac{a_1r_1}{p_1}+\frac{a_2r_2}{p_2}+\cdots+\frac{a_nr_n}{p_n}\right)k_a+\left(\frac{b_1r_1}{p_1}+\frac{b_2r_2}{p_2}+\cdots+\frac{b_nr_n}{p_n}\right)k_b+$$
$$\cdots+\left(\frac{r_1r_1}{p_1}+\frac{r_2r_2}{p_2}+\cdots+\frac{r_nr_n}{p_n}\right)k_r+\omega_r=0$$

若分别以 $\left[\frac{aa}{p}\right]$、$\left[\frac{ab}{p}\right]$、$\left[\frac{ac}{p}\right]$、…、$\left[\frac{ar}{p}\right]$ 表示圆括号内的和数，则上式可写成

$$\left.\begin{aligned}\left[\frac{aa}{p}\right]k_a+\left[\frac{ab}{p}\right]k_b+\cdots+\left[\frac{ar}{p}\right]k_r+\omega_a=0\\ \left[\frac{ab}{p}\right]k_a+\left[\frac{bb}{p}\right]k_b+\cdots+\left[\frac{br}{p}\right]k_r+\omega_b=0\\ \cdots\qquad\qquad\\ \left[\frac{ar}{p}\right]k_a+\left[\frac{br}{p}\right]k_b+\cdots+\left[\frac{rr}{p}\right]k_r+\omega_r=0\end{aligned}\right\}\tag{3-14}$$

这就是用以解算联系数 k 的方程组，称为法方程。

上述计算过程也可用矩阵形式表示。现设观测值的权阵为 $n\times n$ 的对角阵，又设联系数矩阵 $\boldsymbol{K}=(k_a、k_b、\cdots、k_r)^{\mathrm{T}}$，则式（3-11）可用矩阵表示为

$$\boldsymbol{\Phi}=\boldsymbol{V}^{\mathrm{T}}\boldsymbol{PV}-2\boldsymbol{K}^{\mathrm{T}}(\boldsymbol{AV}+\boldsymbol{W})$$

为求新函数 $\boldsymbol{\Phi}$ 的极值，对上式中的变量 $\boldsymbol{V}$ 求其一阶偏导数，并令其等于零。于是有

$$\frac{\mathrm{d}\boldsymbol{\Phi}}{\mathrm{d}\boldsymbol{V}}=2\boldsymbol{V}^{\mathrm{T}}\boldsymbol{P}-2\boldsymbol{K}^{\mathrm{T}}\boldsymbol{A}=0$$

等式两边同除以 2，同时转置、移项、左乘 $\boldsymbol{P}^{-1}$ 则有

$$\boldsymbol{V}^{\mathrm{T}}\boldsymbol{P}=\boldsymbol{K}^{\mathrm{T}}\boldsymbol{A}$$
$$\boldsymbol{PV}=\boldsymbol{A}^{\mathrm{T}}\boldsymbol{K}$$
$$\boldsymbol{P}^{-1}\boldsymbol{PV}=\boldsymbol{P}^{-1}\boldsymbol{A}^{\mathrm{T}}\boldsymbol{K}$$
$$\underset{n\times1}{\boldsymbol{V}}=\underset{n\times n}{\boldsymbol{P}^{-1}}\underset{n\times r}{\boldsymbol{A}^{\mathrm{T}}}\underset{r\times1}{\boldsymbol{K}}\tag{3-15}$$

式（3-15）的纯量形式即为式（3-13）。

若将式（3-15）代入式（3-10）可得法方程的矩阵表达式：

$$\underset{r\times n}{\boldsymbol{A}}\underset{n\times n}{\boldsymbol{P}^{-1}}\underset{n\times r}{\boldsymbol{A}^{\mathrm{T}}}\underset{r\times r}{\boldsymbol{K}}+\underset{r\times1}{\boldsymbol{W}}=\underset{r\times1}{0}\tag{3-16}$$
$$\underset{r\times1}{\boldsymbol{W}}=\underset{r\times n}{\boldsymbol{A}}\underset{n\times1}{\boldsymbol{L}}+\underset{r\times1}{\boldsymbol{A}_0}$$

设
$$\underset{r\times r}{\boldsymbol{N}}=\underset{r\times n}{\boldsymbol{A}}\underset{n\times n}{\boldsymbol{P}^{-1}}\underset{n\times r}{\boldsymbol{A}^{\mathrm{T}}}$$

则式（3-16）可表示为

$$\underset{r\times r}{\boldsymbol{N}}\underset{r\times 1}{\boldsymbol{K}}+\underset{r\times 1}{\boldsymbol{W}}=\underset{r\times 1}{0}$$

3. 求联系数 K

$$\boldsymbol{K}=-\boldsymbol{N}^{-1}\boldsymbol{W} \tag{3-17}$$

4. 求观测值的改正数

$$\underset{n\times 1}{\boldsymbol{V}}=\underset{n\times r}{\boldsymbol{A}^{\mathrm{T}}}\underset{r\times 1}{\boldsymbol{K}} \tag{3-18}$$

如果是同精度观测，则 $P_1=P_2=\cdots=P_n=1$，这时的法方程为

$$\left.\begin{aligned}[aa]k_{\mathrm{a}}+[ab]k_{\mathrm{b}}+\cdots+[ar]k_{\mathrm{r}}+\omega_{\mathrm{a}}=0\\ [ab]k_{\mathrm{a}}+[bb]k_{\mathrm{b}}+\cdots+[br]k_{\mathrm{r}}+\omega_{\mathrm{b}}=0\\ \cdots\qquad\qquad\\ [ar]k_{\mathrm{a}}+[br]k_{\mathrm{b}}+\cdots+[rr]k_{\mathrm{r}}+\omega_{\mathrm{r}}=0\end{aligned}\right\} \tag{3-19}$$

其相应的改正数方程为

$$v_i=a_ik_{\mathrm{a}}+b_ik_{\mathrm{b}}+\cdots+r_ik_{\mathrm{r}}\quad i=1、2、\cdots、n \tag{3-20}$$

在实际计算时，并不需要由条件方程及 $[pvv]$ 组成新的函数 Φ，而可以直接由条件方程组成法方程，由法方程解得联系数 k，再将 k 代入改正数方程求出 v，最后求得平差值 $\hat{L}_i=L_i+v_i$。

3.1.4　观测值平差值的计算步骤

综上所述，按条件平差法进行平差的主要步骤可归纳如下：

（1）确定条件方程的个数，条件方程的个数等于多余观测数。

（2）根据平差的具体问题，列出条件方程式。

（3）根据条件方程系数、闭合差及观测值的权组成法方程。

（4）解算法方程，求出联系数 k 值。

（5）将 k 代入改正数方程求改正数。

（6）计算平差值 $\hat{L}_i=L_i+v_i$，并将平差值代入原方程，检核平差计算结果的正确性。

【例 3-1】 设等精度观测了图 3-1 中三角形的三个内角，得观测值为 $L_1=42°38'17''$，$L_2=60°15'24''$，$L_3=77°06'31''$。试按条件平差法求三个内角的平差值。

解　（1）确定条件方程的个数。

本题只有一个多余观测，$r=3-2=1$，故只有一个平差值条件方程。

（2）列出条件方程式。

$$\hat{L}_1+\hat{L}_2+\hat{L}_3-180°=0$$

（3）根据条件方程系数、闭合差及观测值的权组成法方程。

若以 $\hat{L}_i=L_i+v_i$ 代入之，并将观测值数据代入则得条件方程：

$$v_1+v_2+v_3-12=0$$

由于观测精度相同，故令 $p_1=p_2=p_3=1$。

条件方程中的系数均为 $+1$，所以 $[aa]=3$。组成的法方程为：$3k_{\mathrm{a}}+12=0$。

（4）解算法方程，求出联系数 k 值。解算该法方程得

$$k_{\mathrm{a}}=-4$$

（5）将 k 代入改正数方程求改正数。根据式（3-20）可求得改正数为

$$v_1 = a_1 k_a = -4''$$
$$v_2 = a_2 k_a = -4''$$
$$v_3 = a_3 k_a = -4''$$

(6) 计算平差值。由此得各角的平差值为

$$\widetilde{L}_1 = 42°38'17'' - 4'' = 42°38'13''$$
$$\widetilde{L}_2 = 60°15'24'' - 4'' = 60°15'20''$$
$$\widetilde{L}_3 = 77°06'31'' - 4'' = 77°06'27''$$

将平差值代入平差值条件方程进行检核，各角的平差值满足了三角形内角的几何条件，不再存在闭合差，故知计算无误。

3.1.5 条件平差的精度评定

以上讨论了求观测量平差值的原理和方法。为了解平差结果是否满足生产要求，还必须进行平差结果的精度评定。

1. 单位权中误差的计算

在前面的章节中，已导出单位权中误差的公式为

$$\mu = \pm\sqrt{\frac{[pvv]}{n-t}} \tag{3-21}$$

在条件平差中，单位权中误差的公式还可表示为

$$\mu = \pm\sqrt{\frac{[pvv]}{n-t}} = \pm\sqrt{\frac{[pvv]}{r}} = \pm\sqrt{\frac{\boldsymbol{V}^{\mathrm{T}}\boldsymbol{PV}}{r}} \tag{3-22}$$

式中 n——观测量的总数；

t——必要观测的个数；

r——多余观测的个数。

若是同精度观测，则式（3-22）应为

$$\mu = \pm\sqrt{\frac{[vv]}{r}} = \pm\sqrt{\frac{\boldsymbol{V}^{\mathrm{T}}\boldsymbol{V}}{r}} \tag{3-23}$$

为了计算单位权中误差，必须首先计算$[pvv]=\boldsymbol{V}^{\mathrm{T}}\boldsymbol{PV}$。$[pvv]$可用下列几种方法计算。

(1) 用改正数 v_i 直接计算。

$$\boldsymbol{V}^{\mathrm{T}}\boldsymbol{PV} = [pvv] = p_1 v_1^2 + p_2 v_2^2 + \cdots + p_n v_n^2 \tag{3-24}$$

将经过检核计算的联系数 k 值，代入改正数方程，便可求得各观测值的改正数 v 值。改正数方程的普通形式为

$$v_i = \frac{1}{p_i}(a_i k_a + b_i k_b + \cdots + r_i k_i) \tag{3-25}$$

式中，改正数编号 $i=1, 2, \cdots, n$。

实际计算中，可用计算器编程序进行计算。

(2) 用法方程的自由项计算。

设有 r 个条件方程

$$\left.\begin{array}{r}[av] = -\omega_a \\ [bv] = -\omega_b \\ \cdots \\ [rv] = -\omega_r\end{array}\right\} \tag{3-26}$$

其改正数方程为

$$\left.\begin{aligned}v_1&=\frac{1}{p_1}(a_1k_a+b_1k_b+\cdots+r_1k_r)\\v_2&=\frac{1}{p_2}(a_2k_a+b_2k_b+\cdots+r_2k_r)\\&\cdots\\v_n&=\frac{1}{p_n}(a_nk_a+b_nk_b+\cdots+r_nk_r)\end{aligned}\right\}\tag{3-27}$$

以 p_iv_i（$i=1, 2, \cdots, n$）分别乘上列相应各式，再纵列相加后得

$$[pvv]=[av]k_a+[bv]k_b+\cdots+[rv]k_r\tag{3-28}$$

将式（3-26）代入式（3-28），便得

$$[pvv]=-\omega_ak_a-\omega_bk_b-\cdots-\omega_rk_r\tag{3-29}$$

即$[pvv]$等于法方程自由项与相应联系数的乘积和，并将其反号。

（3）用矩阵计算。若用矩阵公式推导同样可得上面的结果。

因式（3-26）可以表示为：$\boldsymbol{AV}=-\boldsymbol{W}$，而改正数方程为$\boldsymbol{V}=\boldsymbol{P}^{-1}\boldsymbol{A}^{\mathrm{T}}\boldsymbol{K}$，故

$$\boldsymbol{V}^{\mathrm{T}}\boldsymbol{PV}=\boldsymbol{V}^{\mathrm{T}}\boldsymbol{PP}^{-1}\boldsymbol{A}^{\mathrm{T}}\boldsymbol{K}=\boldsymbol{V}^{\mathrm{T}}\boldsymbol{PA}^{\mathrm{T}}\boldsymbol{K}=(\boldsymbol{AV})^{\mathrm{T}}\boldsymbol{K}=-\boldsymbol{W}^{\mathrm{T}}\boldsymbol{K}\tag{3-30}$$

这就是式（3-29）的矩阵表达式。显然用矩阵推导公式简单、明了且书写方便。

2. 平差值函数的中误差

在进行精度评定时，除了计算单位权中误差外，还要计算平差值函数的中误差。

已如前述，在推导误差传播定律的过程中，是以独立自变量为前提的。因此，在应用误差传播定律求平差值函数的中误差时，首先要将平差值函数化为独立观测值的函数。因为平差值 $\hat{L}$ 互相并不独立，平差值 $\hat{L}$ 等于独立观测值 L 加改正数 v。v 是由改正数方程求得，因此，v 是联系数 k 的函数，而 k 又是从同一法方程组中解算得出，因此 k 又是闭合差 ω 的函数，而 ω 才是独立观测值 L 的函数。所以 $\hat{L}$ 是 L 的复合函数。

为了求平差值函数的中误差，首先必须将以平差值为自变量的函数化为以独立观测值为自变量的函数。

平差值函数有线性和非线性两种形式。下面先讨论平差值的线性函数，然后推广到非线性函数。

（1）平差值线性函数的权倒数。设平差值线性函数的一般形式为

$$F=f_1\hat{L}_1+f_2\hat{L}_2+\cdots+f_n\hat{L}_n+f_0=[f\hat{L}]+f_0\tag{3-31}$$

式中 f_i——平差值 $\hat{L}_i$ 的系数；

f_0——不包含误差的常数项。

为了将平差值函数 F 逐步化为独立观测值的函数，现将 $\hat{L}_i=L_i+v_i$ 代入上式，得

$$F=f_1L_1+f_2L_2+\cdots+f_nL_n+f_0+f_1v_1+f_2v_2+\cdots+f_nv_n\tag{3-32}$$

令

$$\underset{n\times1}{\boldsymbol{f}}=\begin{pmatrix}f_1\\f_2\\\vdots\\f_n\end{pmatrix}\quad\underset{n\times1}{\boldsymbol{L}}=\begin{pmatrix}L_1\\L_2\\\vdots\\L_n\end{pmatrix}\quad\underset{n\times1}{\boldsymbol{v}}=\begin{pmatrix}v_1\\v_2\\\vdots\\v_n\end{pmatrix}$$

则平差值函数式可写成

$$\underset{1\times1}{F} = \underset{1\times n}{f^{T}}\underset{n\times1}{L} + \underset{1\times n}{f^{T}}\underset{n\times1}{V} + \underset{1\times1}{f_0} \tag{3-33}$$

已知前述，为了将 F 化为独立观测值的函数，应先将上式中的 v_i 化为联系数 k 的函数。

已知改正数方程为

$$v_i = \frac{1}{p_i}(a_i k_a + b_i k_b + \cdots + r_i k_r) \quad i = 1,2,\cdots,n$$

即 $\boldsymbol{V}=\boldsymbol{P}^{-1}\boldsymbol{A}^{T}\boldsymbol{K}$

将改正数方程代入式（3-33），则有

$$\boldsymbol{F} = \boldsymbol{f}^{T}\boldsymbol{L} + \boldsymbol{f}^{T}\boldsymbol{P}^{-1}\boldsymbol{A}^{T}\boldsymbol{K} + \boldsymbol{f}_0 \tag{3-34}$$

由式（3-25）知：$\boldsymbol{K}=-\boldsymbol{N}^{-1}\boldsymbol{W}$，将此式代入上式，则有

$$\boldsymbol{F} = \boldsymbol{f}^{T}\boldsymbol{L} - \boldsymbol{f}^{T}\boldsymbol{P}^{-1}\boldsymbol{A}^{T}\boldsymbol{N}^{-1}\boldsymbol{W} + \boldsymbol{f}_0 \tag{3-35}$$

再将式（3-10）中关于 $\boldsymbol{W}$ 的计算式代入上式，得

$$\begin{aligned}\boldsymbol{F} &= -\boldsymbol{f}^{T}\boldsymbol{L} - \boldsymbol{f}^{T}\boldsymbol{P}^{-1}\boldsymbol{A}^{T}\boldsymbol{N}^{-1}(\boldsymbol{AL} + \boldsymbol{A}_0) + \boldsymbol{f}_0 \\ &= -\boldsymbol{f}^{T}\boldsymbol{L} - \boldsymbol{f}^{T}\boldsymbol{P}^{-1}\boldsymbol{A}^{T}\boldsymbol{N}^{-1}\boldsymbol{AL} - \boldsymbol{f}^{T}\boldsymbol{P}^{-1}\boldsymbol{A}^{T}\boldsymbol{N}^{-1}\boldsymbol{A}_0 + \boldsymbol{f}_0 \\ &= (\underset{1\times n}{\boldsymbol{f}^{T}} - \underset{1\times n}{\boldsymbol{f}^{T}}\underset{n\times n}{\boldsymbol{P}^{-1}}\underset{n\times r}{\boldsymbol{A}^{T}}\underset{r\times r}{\boldsymbol{N}^{-1}}\underset{r\times n}{\boldsymbol{A}})\underset{n\times1}{\boldsymbol{L}} - \underset{1\times n}{\boldsymbol{f}^{T}}\underset{n\times n}{\boldsymbol{P}^{-1}}\underset{n\times r}{\boldsymbol{A}^{T}}\underset{r\times r}{\boldsymbol{N}^{-1}}\underset{r\times1}{\boldsymbol{A}_0} + \underset{1\times1}{\boldsymbol{f}_0}\end{aligned} \tag{3-36}$$

式中 $\boldsymbol{f}$、$\boldsymbol{q}$、$\boldsymbol{A}$、$\boldsymbol{A}_0$、$\boldsymbol{f}_0$——与观测值无关的常数。

至此，已将平差值函数 F 化为独立观测值 L 的函数。为了便于计算，令

$$\underset{1\times r}{\boldsymbol{q}^{T}} = -\underset{1\times n}{\boldsymbol{f}^{T}}\underset{n\times n}{\boldsymbol{P}^{-1}}\underset{n\times r}{\boldsymbol{A}^{T}}\underset{r\times r}{\boldsymbol{N}^{-1}} \tag{3-37}$$

由于上式中的 $\boldsymbol{N}^{-1}$ 和 $\boldsymbol{P}^{-1}$ 才是对称方阵，所以 $(\boldsymbol{N}^{-1})^{T}=\boldsymbol{N}^{-1}$，$(\boldsymbol{P}^{-1})^{T}=\boldsymbol{P}^{-1}$。于是将式（3-37）转置后得

$$\boldsymbol{q} = (-\boldsymbol{f}^{T}\boldsymbol{P}^{-1}\boldsymbol{A}^{T}\boldsymbol{N}^{-1})^{T} = -\boldsymbol{N}^{-1}\boldsymbol{AP}^{-1}\boldsymbol{f} \tag{3-38}$$

两边同时左乘 N 并移项得

$$\boldsymbol{Nq} + \boldsymbol{AP}^{-1}\boldsymbol{f} = 0 \tag{3-39}$$

将式（3-39）与条件平差的法方程进行比较，不难看出，上式是与法方程的系数相同的线性对称方程组，通常称上式为转换系数方程组，而 q 是由 r 个元素 q_a、q_b、…、q_r 组成的列矩阵，称为转换系数。因为

$$\boldsymbol{AP}^{-1}\boldsymbol{f} = \begin{pmatrix} a_1 & a_2 & \cdots & a_n \\ b_1 & b_2 & \cdots & b_n \\ \cdots & \cdots & \cdots & \cdots \\ r_1 & r_2 & \cdots & r_n \end{pmatrix} \begin{pmatrix} \frac{1}{p_1} & & & \\ & \frac{1}{p_2} & & \\ & & \ddots & \\ & & & \frac{1}{p_n} \end{pmatrix} \begin{pmatrix} f_1 \\ f_2 \\ \cdots \\ f_n \end{pmatrix} = \begin{pmatrix} \left[\frac{af}{p}\right] \\ \left[\frac{bf}{p}\right] \\ \cdots \\ \left[\frac{rf}{p}\right] \end{pmatrix} \tag{3-40}$$

则式（3-39）可以表示成

$$\begin{pmatrix} \left[\frac{aa}{p}\right] & \left[\frac{ab}{p}\right] & \cdots & \left[\frac{ar}{p}\right] \\ \left[\frac{ab}{p}\right] & \left[\frac{bb}{p}\right] & \cdots & \left[\frac{br}{p}\right] \\ \cdots & \cdots & \cdots & \cdots \\ \left[\frac{ar}{p}\right] & \left[\frac{br}{p}\right] & \cdots & \left[\frac{rr}{p}\right] \end{pmatrix} \begin{pmatrix} q_{a1} \\ q_b \\ \cdots \\ q_r \end{pmatrix} + \begin{pmatrix} \left[\frac{af}{p}\right] \\ \left[\frac{bf}{p}\right] \\ \cdots \\ \left[\frac{rf}{p}\right] \end{pmatrix} = \begin{pmatrix} 0 \\ 0 \\ \vdots \\ 0 \end{pmatrix} \tag{3-41}$$

其纯量形式为

$$\left.\begin{aligned}\left[\frac{aa}{p}\right]q_a+\left[\frac{ab}{p}\right]q_b+\cdots+\left[\frac{ar}{p}\right]q_r+\left[\frac{af}{p}\right]=0\\\left[\frac{ab}{p}\right]q_a+\left[\frac{bb}{p}\right]q_b+\cdots+\left[\frac{br}{p}\right]q_r+\left[\frac{bf}{p}\right]=0\\\cdots\qquad\qquad\\\left[\frac{ar}{p}\right]q_a+\left[\frac{br}{p}\right]q_b+\cdots+\left[\frac{rr}{p}\right]q_r+\left[\frac{rf}{p}\right]=0\end{aligned}\right\}\tag{3-42}$$

式中未知数 q_a、q_b、…、q_r 可从上列方程组解得，且仅与观测值的权、条件方程系数和函数式的系数 f_i 有关。

将式（3-37）代入式（3-36），得

$$\boldsymbol{F}=(\boldsymbol{f}^{\mathrm{T}}+\boldsymbol{q}^{\mathrm{T}}\mathbf{A})\boldsymbol{L}+\boldsymbol{q}^{\mathrm{T}}\boldsymbol{A}_0+\boldsymbol{f}_0=(\boldsymbol{f}+\mathbf{A}^{\mathrm{T}}\boldsymbol{q})^{\mathrm{T}}\mathbf{L}+\boldsymbol{q}^{\mathrm{T}}\boldsymbol{A}_0+\boldsymbol{f}_0\tag{3-43}$$

若对式（3-43）全微分，则有

$$\boldsymbol{dF}=(\boldsymbol{f}^{\mathrm{T}}+\mathbf{A}^{\mathrm{T}}\boldsymbol{q})^{\mathrm{T}}\boldsymbol{d}\mathbf{L}\tag{3-44}$$

根据第1章中讨论的协因数传播律式，可得平差值函数的权倒数

$$\begin{aligned}\frac{1}{P_F}&=(\boldsymbol{f}+\mathbf{A}^{\mathrm{T}}\boldsymbol{q})^{\mathrm{T}}\boldsymbol{P}^{-1}(\boldsymbol{f}+\mathbf{A}^{\mathrm{T}}\boldsymbol{q})\\&=(\boldsymbol{f}^{\mathrm{T}}+\boldsymbol{q}^{\mathrm{T}}\mathbf{A})(\boldsymbol{P}^{-1}\boldsymbol{f}+\boldsymbol{P}^{-1}\mathbf{A}^{\mathrm{T}}\boldsymbol{q})\\&=\boldsymbol{f}^{\mathrm{T}}\boldsymbol{P}^{-1}\boldsymbol{f}+\boldsymbol{f}^{\mathrm{T}}\boldsymbol{P}^{-1}\mathbf{A}^{\mathrm{T}}\boldsymbol{q}+\boldsymbol{q}^{\mathrm{T}}\mathbf{A}\boldsymbol{P}^{-1}\boldsymbol{f}+\boldsymbol{q}^{\mathrm{T}}\mathbf{A}\boldsymbol{P}^{-1}\mathbf{A}^{\mathrm{T}}\boldsymbol{q}\end{aligned}\tag{3-45}$$

由式（3-39）知 $-\boldsymbol{Nq}=\boldsymbol{AP}^{-1}\boldsymbol{f}$ 而 $\boldsymbol{AP}^{-1}\mathbf{A}^{\mathrm{T}}=\mathbf{N}$，则式（3-45）可表示为

$$\begin{aligned}\frac{1}{P_F}&=\boldsymbol{f}^{\mathrm{T}}\boldsymbol{P}^{-1}\boldsymbol{f}+\boldsymbol{f}^{\mathrm{T}}\boldsymbol{P}^{-1}\mathbf{A}^{\mathrm{T}}\boldsymbol{q}-\boldsymbol{q}^{\mathrm{T}}\mathbf{N}\boldsymbol{q}+\boldsymbol{q}^{\mathrm{T}}\mathbf{N}\boldsymbol{q}\\&=\boldsymbol{f}^{\mathrm{T}}\boldsymbol{P}^{-1}\boldsymbol{f}+\boldsymbol{f}^{\mathrm{T}}\boldsymbol{P}^{-1}\mathbf{A}^{\mathrm{T}}\boldsymbol{q}\end{aligned}$$

$$\underset{1\times1}{\frac{1}{P_F}}=\underset{1\times n}{\boldsymbol{f}^{\mathrm{T}}}\underset{n\times n}{\boldsymbol{P}^{-1}}\underset{n\times1}{\boldsymbol{f}}+(\underset{r\times n}{\mathbf{A}}\underset{n\times n}{\boldsymbol{P}^{-1}}\underset{n\times1}{\boldsymbol{f}})^{\mathrm{T}}\underset{r\times1}{\boldsymbol{q}}\tag{3-46}$$

上式的纯量形式为

$$\frac{1}{P_F}=\left[\frac{ff}{p}\right]+\left[\frac{af}{p}\right]q_a+\left[\frac{bf}{p}\right]q_b+\cdots+\left[\frac{rf}{p}\right]q_r\tag{3-47}$$

式（3-46）、式（3-47）为平差值函数的权倒数计算式。

（2）平差值非线性函数的权倒数。如果平差值函数为非线性函数，设其一般形式为

$$F=f(\hat{L}_1、\hat{L}_2、\cdots、\hat{L}_n)\tag{3-48}$$

将 $\hat{L}_i=L_i+v_i$ 代入上式，并按台劳级数展开取一次项后得

$$F=f(L_1、L_2、\cdots、L_n)+\left(\frac{\partial F}{\partial\hat{L}_1}\right)_{\hat{L}_1=L_1}v_1+\left(\frac{\partial F}{\partial\hat{L}_2}\right)_{\hat{L}_2=L_2}v_2+\cdots+\left(\frac{\partial F}{\partial\hat{L}_n}\right)_{\hat{L}_n=L_n}v_n\tag{3-49}$$

令 $f_1=\left(\frac{\partial F}{\partial\hat{L}_1}\right)_{\hat{L}_1=L_1}$，$f_2=\left(\frac{\partial F}{\partial\hat{L}_2}\right)_{\hat{L}_2=L_2}$，…，$f_n=\left(\frac{\partial F}{\partial\hat{L}_n}\right)_{\hat{L}_n=L_n}$，于是式（3-49）变为

$$\begin{aligned}F&=f(L_1、L_2、\cdots、L_n)+f_1v_1+f_2v_2+\cdots+f_nv_n\\&=f(L_1、L_2、\cdots、L_n)+\boldsymbol{f}^{\mathrm{T}}\mathbf{V}\end{aligned}\tag{3-50}$$

同求线性函数的权倒数一样将改正数的函数化为联系数的函数再化成闭合差的函数，最后化成观测值的函数，即

$$F=f(L_1,L_2,\cdots,L_n)+\boldsymbol{f}^{\mathrm{T}}\mathbf{V}=f(L_1,L_2,\cdots,L_n)+\boldsymbol{f}^{\mathrm{T}}\boldsymbol{P}^{-1}\mathbf{A}^{\mathrm{T}}\mathbf{K}$$

$$= f(L_1、L_2、\cdots、L_n) - \boldsymbol{f}^{\mathrm{T}}\boldsymbol{P}^{-1}\boldsymbol{A}^{\mathrm{T}}\boldsymbol{N}^{-1}\boldsymbol{W}$$
$$= f(L_1、L_2、\cdots、L_n) - \boldsymbol{f}^{\mathrm{T}}\boldsymbol{P}^{-1}\boldsymbol{A}^{\mathrm{T}}\boldsymbol{N}^{-1}(\boldsymbol{AL} + \boldsymbol{A}_0)$$

至此，已将 F 化为独立观测值的函数。对上式进行全微分，则可得

$$\begin{aligned} \mathrm{d}F &= f_1\mathrm{d}L_1 + f_2\mathrm{d}L_2 + \cdots + f_n\mathrm{d}L_n + q^{\mathrm{T}}A\mathrm{d}L = f^{\mathrm{T}}\mathrm{d}L + q^{\mathrm{T}}A\mathrm{d}L \\ &= (\boldsymbol{f}^{\mathrm{T}} + \boldsymbol{q}^{\mathrm{T}}\boldsymbol{A})\mathrm{d}L = (\boldsymbol{f} + \boldsymbol{A}^{\mathrm{T}}\boldsymbol{q})^{\mathrm{T}}\mathrm{d}L \end{aligned} \tag{3-51}$$

将式（3-51）与式（3-44）相比较，发现两者形式完全一致。由此可知，上述用于求线性形式的平差值函数的权倒数公式（3-46）及式（3-47），均适用于求非线性形式的平差值函数的权倒数。只是在计算$\frac{1}{p_F}$的这些公式中，所用到的各 v_i 前的系数 f_i，对于非线性函数来说，就是函数 $f(L_1、L_2、\cdots、L_n)$ 对于 L_i 的偏导数值$\left(即\frac{\partial f}{\partial L_i}\right)$。由于在实际计算中，只需要求出 f_i 值就可以用前面导出的权倒数公式计算 $1/p_F$，故对于非线性的平差值函数，只要写出式（3-50）中的后半部分，即

$$\begin{aligned} v_F &= \frac{\partial f}{\partial L_1}v_1 + \frac{\partial f}{\partial L_2}v_2 + \cdots + \frac{\partial f}{\partial L_n}v_n \\ &= f_1v_1 + f_2v_2 + \cdots + f_nv_n \end{aligned} \tag{3-52}$$

就可以从其中拣出所需要的全部 f_i 了。

为了区别于式（3-50），通常称式（3-52）为权函数式。

在实际计算中，权函数的求法是对函数式（3-48）求全微分，得

$$\mathrm{d}F = \left(\frac{\partial f}{\partial L_1}\right)\mathrm{d}L_1 + \left(\frac{\partial f}{\partial L_2}\right)\mathrm{d}L_2 + \cdots + \left(\frac{\partial f}{\partial L_n}\right)\mathrm{d}L_n$$

当用 L_i 代入上式计算出$\frac{\partial f}{\partial L_i}$后，它就是式（3-52）中的 f_i 了，故上式可写成

$$\mathrm{d}F = f_1\mathrm{d}L_1 + f_2\mathrm{d}L_2 + \cdots + f_n\mathrm{d}L_n$$

将它与式（3-52）比较可知：若将式中之 $\mathrm{d}L_i$ 换成 v_i，并将 $\mathrm{d}F$ 换写成 v_F，则全微分式就是权函数式了。

由上述可见，当平差值函数为非线性时，求函数的权倒数的计算步骤，基本上与函数为线性形式时相同，只不过在列出函数式之后，还要用求全微分的方法列出其权函数式，并借以确定各 f_i 值。此后，仍可按前述方法，采用求函数权倒数的公式之一进行计算。但应注意：式中的 f_i 对于线性函数来说，它代表已知常数，也就是平差值的系数；而对于非线性函数来说，f_i 代表函数 F 对于各独立观测值求偏导数的值，所以两者含义是不同的。

（3）平差值函数的中误差。根据权与中误差的关系有

$$m_F = \pm\mu\sqrt{\frac{1}{p_F}} \tag{3-53}$$

式（3-53）便是求平差值函数的中误差公式。

综上所述，求平差值函数的中误差的计算步骤可归纳如下：

1）列平差值函数式。即按题意要求，将欲求其中误差的是表达成平差值的函数式。

2）求平差值函数的权倒数。

3）求平差值函数的中误差。

【例3-2】 图3-2所示的水准网中，各水准路线的距离为 $s_1=4\text{km}$，$s_2=2\text{km}$，$s_3=4\text{km}$，$s_4=4\text{km}$，$s_5=2\text{km}$。试求 D 点最或然高程的权倒数。

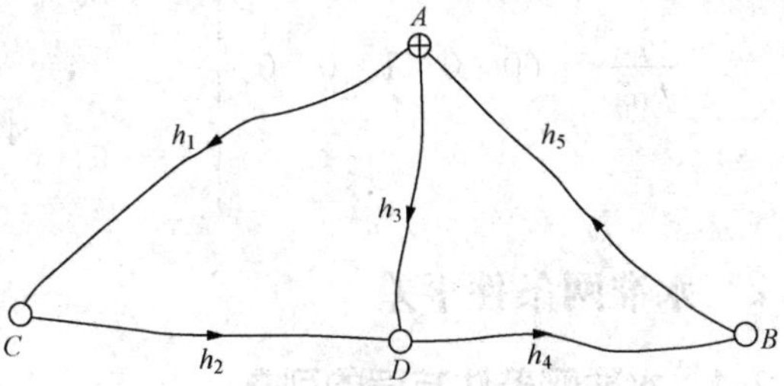

图3-2

解 (1) 由图知 $r=2$，两个条件方程分别为

$$v_1+v_2-v_3+\omega_a=0$$
$$v_3+v_4+v_5+\omega_b=0$$

按题意列平差值函数式为

$$H_D=H_A+\hat{h}_3$$

所以，$f_3=+1$，$f_1=f_2=f_4=f_5=0$。

(2) 令 $c=1$，即以1km观测高差为单位权观测值，所以有 $\frac{1}{p_i}=s_i$。

于是

$$\left[\frac{aa}{p}\right]=+10;\left[\frac{ab}{p}\right]=-4;\left[\frac{bb}{p}\right]=+10$$
$$\left[\frac{af}{p}\right]=-4;\left[\frac{bf}{p}\right]=+4;\left[\frac{ff}{p}\right]=+4$$

由式 (3-42)，可得

$$\left.\begin{aligned}10q_a-4q_b-4=0\\-4q_a+10q_b+4=0\end{aligned}\right\}$$

解之得：$q_a=0.286$，$q_b=-0.286$。

按式 (3-47)，得 $\frac{1}{p_{H_8}}=1.71$

(3) 用矩阵公式计算权倒数。因为

$$\boldsymbol{N}=\begin{pmatrix}1&1&-1&0&0\\0&0&1&1&1\end{pmatrix}\begin{pmatrix}4&&&&\\&2&&&\\&&4&&\\&&&4&\\&&&&2\end{pmatrix}\begin{pmatrix}1&0\\1&0\\-1&1\\0&1\\0&1\end{pmatrix}=\begin{pmatrix}10&-4\\-4&10\end{pmatrix}$$

$$\boldsymbol{AP}^{-1}\boldsymbol{f}=\begin{pmatrix}1&1&-1&0&0\\0&0&1&1&1\end{pmatrix}\begin{pmatrix}4&&&&\\&2&&&\\&&4&&\\&&&4&\\&&&&2\end{pmatrix}\begin{pmatrix}0\\0\\1\\0\\0\end{pmatrix}=\begin{pmatrix}-4\\4\end{pmatrix}$$

由 $\boldsymbol{Nq}+\boldsymbol{AP}^{-1}\boldsymbol{f}=\boldsymbol{O}$，得

$$\begin{pmatrix}10&-4\\-4&10\end{pmatrix}\begin{pmatrix}q_a\\q_b\end{pmatrix}+\begin{pmatrix}-4\\4\end{pmatrix}=\begin{pmatrix}0\\0\end{pmatrix}$$

用矩阵求逆的方法同样可以解得：$q_a=0.286$，$q_b=-0.286$。

按式 (3-46)，得

$$\frac{1}{p_{H_B}}=(0\ \ 0\ \ 1\ \ 0\ \ 0)\begin{bmatrix}4&&&&\\&2&&&\\&&4&&\\&&&4&\\&&&&2\end{bmatrix}\begin{bmatrix}0\\0\\1\\0\\0\end{bmatrix}+(-4\ \ 4)\begin{pmatrix}0.286\\-0.286\end{pmatrix}=1.71$$

3.2 水准网条件平差

3.2.1 水准网条件方程的列立

在图3-3中A为已知点，B、C、D为待定点，若要确定B、C、D三点高程，必须观测3个高差，故必要观测数$t=3$。

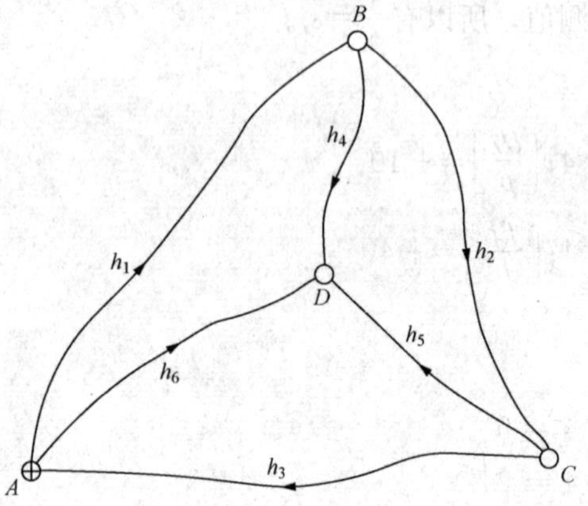

图3-3

若图3-3中A也是待定点，即水准网中无已知高程点，这里只能假定某一点的高程为已知，并以它为基准去推算其余三点的相对高程。因此，必要观测数仍为3。

由以上讨论可以得知，水准网平差时，确定必要观测数的规则为：

（1）当水准网中有已知点时，其必要观测数等于待定点的个数，即$t=p$（p为待定点数）。

（2）当水准网中无已知点时，则必要观测数等于全部待定点数减1，即$t=p-1$。

【例3-3】 在图3-3所示的水准网中，测得各段高差h_1、h_2、…、h_6，试列出条件方程。

解 题中$n=6$，有一个已知水准点，三个待定点，故$t=3$，$r=n-t=3$，应列出3个条件方程。但按图可列出如下7个条件方程

$$\left.\begin{aligned}v_1+v_4-v_6+\omega_a&=0 &\text{(a)}\\ v_2-v_4+v_5+\omega_b&=0 &\text{(b)}\\ v_3-v_5+v_6+\omega_c&=0 &\text{(c)}\\ v_1+v_2+v_5-v_6+\omega_d&=0 &\text{(d)}\\ v_2+v_3-v_4+v_6+\omega_e&=0 &\text{(e)}\\ v_1+v_3+v_4-v_5+\omega_f&=0 &\text{(f)}\\ v_1+v_2+v_3+\omega_g&=0 &\text{(g)}\end{aligned}\right\}$$

本题只需列出3个条件方程，也就是说在全部可能列出的条件方程中，只有3个条件方程是线性无关的，因为在上面的条件方程中，各式存在下列关系

$$\text{(a)}+\text{(b)}=\text{(d)};\text{(b)}+\text{(c)}=\text{(e)};\text{(c)}+\text{(a)}=\text{(f)};\text{(a)}+\text{(b)}+\text{(c)}=\text{(g)}$$

显然，当（a）、（b）、（c）3个条件方程得到满足时，其余4个方程也必然可以满足，因而在平差计算时可以取（a）、（b）、（c）3个条件方程，当然也可取另外3个线性无关的条件方程。

$$\left.\begin{aligned} v_1+v_4-v_6+\omega_a=0\text{(a)}\\ v_2-v_4+v_5+\omega_b=0\text{(b)}\\ v_3-v_5+v_6+\omega_c=0\text{(c)} \end{aligned}\right\}$$

式中

$$\left.\begin{aligned} \omega_a=h_1+h_4-h_6\\ \omega_b=h_2-h_4+h_5\\ \omega_c=h_3-h_5+h_6 \end{aligned}\right\}$$

3.2.2　水准网条件平差算例

【例 3-4】　图 3-4 所示的水准网中，A、B 为已知高程的水准点，P_1、P_2 及 P_3 为待定点，观测数据和已知数据见表 3-1，试按条件平差法求：

(1) 各待定点的最或然高程。

(2) P_1 至 P_2 点间平差后高差中误差。

表 3-1

线路	观测高差/m	路线长/km	已知点高程/m	线路	观测高差/m	路线长/km	已知点高程/m
1	+1.359	1.1		5	+0.657	2.4	
2	+2.009	1.7	H_A=5.016	6	+0.238	1.4	
3	+0.363	2.3	H_B=6.016	7	−0.595	2.6	
4	+1.012	2.7					

解　(1) 列条件方程和平差值函数式。

本题 $n=7$，$t=3$，故有条件

$$\left.\begin{aligned} v_1-v_2+v_5+7=0\quad\text{(a)}\\ v_3-v_4+v_5+8=0\quad\text{(b)}\\ v_3+v_6+v_7+6=0\quad\text{(c)}\\ v_2-v_4-3=0\quad\text{(d)} \end{aligned}\right\}$$

条件方程闭合差以毫米（mm）为单位。

平差值函数式为　　$F=\hat{h}_5$

即　$f_5=+1, f_1=f_2=f_3=f_4=f_6=f_7=0$

(2) 确定观测值的权。

我们选定 $C=1$，故有 $\dfrac{1}{p_i}=S_i$。则观测值的权倒数阵为

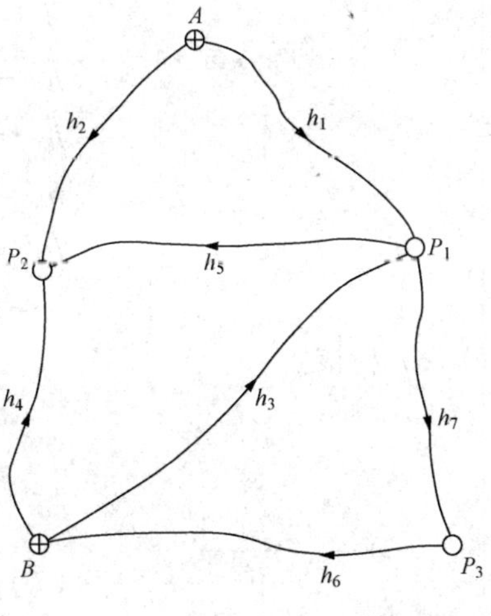

图 3-4

$$P^{-1}=\begin{bmatrix} 1.1 &&&&&& \\ & 1.7 &&&&& \\ && 2.3 &&&& \\ &&& 2.7 &&& \\ &&&& 2.4 && \\ &&&&& 1.4 & \\ &&&&&& 2.6 \end{bmatrix}$$

（3）法方程式的组成与解算。

由条件方程及闭合差可知其矩阵分别为

$$\underset{4\times7}{\boldsymbol{A}}=\begin{pmatrix}1&-1&0&0&1&0&0\\0&0&1&-1&1&0&0\\0&0&1&0&0&1&1\\0&1&0&-1&0&0&0\end{pmatrix},\underset{4\times1}{\boldsymbol{W}}=\begin{pmatrix}7.0\\8.0\\6.0\\-3.0\end{pmatrix}$$

组成法方程为：

$$\boldsymbol{AP}^{-1}\boldsymbol{A}^{\mathrm{T}}\boldsymbol{K}+\boldsymbol{W}=\begin{pmatrix}5.2&2.4&0&-1.7\\2.4&7.4&2.3&2.7\\0&2.3&6.3&0\\-1.7&2.7&0&4.4\end{pmatrix}\begin{pmatrix}k_{\mathrm{a}}\\k_{\mathrm{b}}\\k_{\mathrm{c}}\\k_{\mathrm{d}}\end{pmatrix}+\begin{pmatrix}7.0\\8.0\\6.0\\-3.0\end{pmatrix}=\begin{pmatrix}0\\0\\0\\0\end{pmatrix}$$

用解算线性方程组的任意方法解算法方程。现用前面编写的高斯约化法程序解得

$$k_{\mathrm{a}}=-0.2226,k_{\mathrm{b}}=-1.4028,k_{\mathrm{c}}=-0.4414,k_{\mathrm{d}}=1.4568$$

（4）改正数 v_i 的计算。

根据改正数方程算得观测值的改正数为

$$v_1=-0.2\mathrm{mm},v_2=2.9\mathrm{mm},v_3=-4.2\mathrm{mm},v_4=-0.1\mathrm{mm}$$

$$v_5=-3.9\mathrm{mm},v_6=-0.6\mathrm{mm},v_7=-1.2\mathrm{mm}$$

（5）平差值的计算。

$$\hat{h}_1=1.359-0.0002=1.3588\mathrm{m}$$
$$\hat{h}_2=2.009+0.0029=2.019\mathrm{m}$$
$$\hat{h}_3=0.363-0.0042=0.3588\mathrm{m}$$
$$\hat{h}_4=1.012-0.0001=1.0119\mathrm{m}$$
$$\hat{h}_5=0.657-0.0039=0.6531\mathrm{m}$$
$$\hat{h}_6=0.238-0.0006=0.2374\mathrm{m}$$
$$\hat{h}_7=-0.595-0.0012=-0.5962\mathrm{m}$$

（6）检核。

$$\left.\begin{aligned}\hat{h}_1-\hat{h}_2+\hat{h}_5&=0\\\hat{h}_3-\hat{h}_4+\hat{h}_5&=0\\\hat{h}_3-\hat{h}_6+\hat{h}_7&=0\\H_{\mathrm{A}}+\hat{h}_2-\hat{h}_4-H_{\mathrm{B}}&=0\end{aligned}\right\}$$

（7）待定点高程计算。

$$\hat{H}_{p_1}=H_{\mathrm{A}}+\hat{h}_1=6.3748\mathrm{m}$$
$$\hat{H}_{p_2}=H_{\mathrm{A}}+\hat{h}_2=7.0279\mathrm{m}$$
$$\hat{H}_{p_3}=H_{\mathrm{B}}-\hat{h}_7=6.6121\mathrm{m}$$

（8）单位权中误差计算。

$$\mu=\pm\sqrt{\frac{pvv}{r}}=\pm\sqrt{\frac{19.8}{4}}=\pm2.2\mathrm{mm}$$

这就是说，1km 水准路线高差的中误差为±2.2mm。

(9) 平差后 P_1 到 P_2 点间高差的中误差。

由平差值函数式可知其矩阵为：$\boldsymbol{f}=(0\ \ 0\ \ 0\ \ 0\ \ 1\ \ 0\ \ 0)^{\mathrm{T}}$

同组成法方程一样组成转换系数方程

$$\boldsymbol{AP}^{-1}\boldsymbol{A}^{\mathrm{T}}\boldsymbol{q}+\boldsymbol{AP}^{-1}\boldsymbol{f}=\begin{pmatrix}5.2 & 2.4 & 0 & -1.7\\ 2.4 & 7.4 & 2.3 & 2.7\\ 0 & 2.3 & 6.3 & 0\\ -1.7 & 2.7 & 0 & 4.4\end{pmatrix}\begin{pmatrix}q_{\mathrm{a}}\\ q_{\mathrm{b}}\\ q_{\mathrm{c}}\\ q_{\mathrm{d}}\end{pmatrix}+\begin{pmatrix}2.40\\ 2.40\\ 0\\ 0\end{pmatrix}=\begin{pmatrix}0\\ 0\\ 0\\ 0\end{pmatrix}$$

解转换系数方程得

$$q_{\mathrm{a}}=-0.336,q_{\mathrm{b}}=-0.253,q_{\mathrm{c}}=0.093,q_{\mathrm{d}}=0.026$$

进而得 $\dfrac{1}{p_F}=0.99$

$$m_{\hat{h}_5}=\mu\sqrt{\frac{1}{p_F}}=\pm 2.2\sqrt{0.99}=\pm 2.2\mathrm{mm}$$

3.3　导线网条件平差

3.3.1　导线网的条件方程的列立

导线网是由一些折线所组成的。它的观测值不仅有长度，而且还有角度。其既不同于三角网，也不同于测边网。现在仅以单一附合导线为例，讨论其条件方程式的列法。

图 3-5 是一条单一附合导线。A、B、C 和 D 为已知点；1、2 和 3 为待定点；S_1、S_2、S_3 和 S_4 是导线边边长观测值；β_1、β_2、β_3、β_4 和 β_5 是导线角观测值。

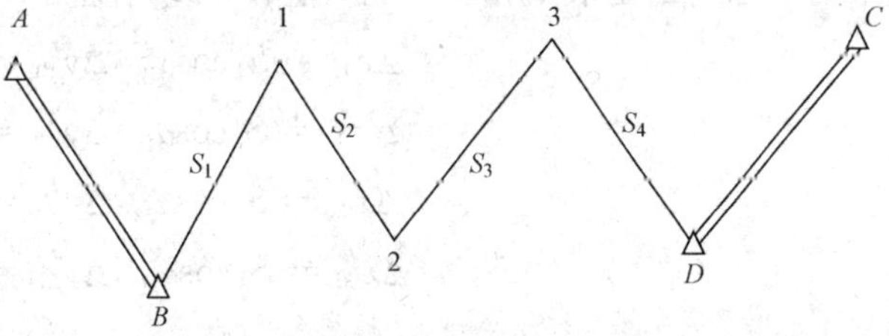

图 3-5

一个导线网的必须起算数据是三个，即 个已知点和一个已知方位角。确定一个待定点，必须观测一条导线边和一个折角。图 3-5 中，已知点 B 和已知方位角 T_{BA} 如果为必须的起算数据，则已知点 D 和已知方位角 T_{DC} 就是多余的起算数据。待定导线点三个，必须观测三条导线边和三个导线角，于是多观测了一个导线边和两个导线角。当观测数据有三个多余的同时，起算数据也多余三个，所以这三个条件式应为附合条件。

1. 方位角条件

由一条边的已知方位角起算，用平差后的角值，推算另一已知边的方位角时，推算值应等于已知值，这就是方位角条件。

已知 AB 边的坐标方位角为 α_{AB}，CD 边的坐标方位角为 α_{CD}，从 α_{AB} 起算，用平差角推算 α_{CD}，则方位角条件式为

$$\alpha_{\mathrm{BA}}+\hat{\beta}_1+180^\circ+\hat{\beta}_2+180^\circ+\hat{\beta}_3+180^\circ+\hat{\beta}_4+180^\circ+\hat{\beta}_5-\alpha_{\mathrm{DC}}=0$$

$$\left.\begin{aligned}\omega_\alpha&=\beta_1+\beta_2+\beta_3+\beta_4+\beta_5+\alpha_{\mathrm{BA}}-\alpha_{\mathrm{DC}}+4\times 180^\circ\\ v_1&+v_2+v_3+v_4+v_5+\omega_\alpha=0\end{aligned}\right\}\qquad(3-54)$$

2. 纵、横坐标条件

在导线网中，由一已知点或已知点组的坐标起算，用经过平差后的角值推算到另一已知点或已知点组，其推算值应与该已知值相等，根据这一要求所列出的条件式，称为坐标条件式。

所谓一组已知点是指有固定边和固定角相联结着的两个或两个以上的已知点，统称为一组已知点。因为同一组已知点中，由任一已知点的坐标就可根据联系着的固定边和固定角，推算出另一点坐标。这样，同一组已知点之间互相并不独立，所以在同一组已知点中，只要用其中任一点坐标来满足条件方程即可。

在上图中，以 L_i 表示观测角，相应的改正数为 v_i，平差值为 $\hat{L}_i$；S_{AB} 及 S_{CD} 为两端的已知边长，α_{BA}、α_{CD} 为两端的已知方位角。现以 $\Delta x_{i,i+1}$、$S_{i,i+1}$、$\alpha_{i,i+1}$ 分别表示由观测值推算得的 i 点至 $i+1$ 点间的坐标增量、边长和坐标方位角。

若由 B 点起算，先推算 1 号点的坐标，再推算 2、3 号点的坐标，最后可闭合到 D 点。这一路线的纵坐标条件方程可表达为

$$x_B + \Delta\hat{x}_{B1} + \Delta\hat{x}_{12} + \Delta\hat{x}_{23} + \Delta_{3D} - x_D = 0 \tag{3-55}$$

式中　x_B、x_D——推算路线的起讫点的已知纵坐标。

用坐标增量误差所表示的纵、横坐标条件式为

$$\left.\begin{aligned} d(\Delta x'_{B1}) + d(\Delta x'_{12}) + d(\Delta x'_{23}) + d(\Delta x'_{3D}) + \omega_x = 0 \\ d(\Delta y'_{B1}) + d(\Delta y'_{12}) + d(\Delta y'_{23}) + d(\Delta y'_{3D}) + \omega_y = 0 \end{aligned}\right\} \tag{3-56}$$

式中
$$\begin{cases} \omega_x = \Delta x'_{B1} + \Delta x'_{12} + \Delta x'_{23} + \Delta x'_{3D} + x_B - x_D = x'_D - x_D \\ \omega_y = \Delta y'_{B1} + \Delta y'_{12} + \Delta y'_{23} + \Delta y'_{3D} + y_B - y_D = y'_D - y_D \end{cases}$$

式中的坐标增量是根据导线边观测值和导线角观测值计算的，即

$$\begin{aligned} \Delta x'_{B1} = S_1 \cos\alpha_{B1}, \Delta y'_{B1} = S_1 \sin\alpha_{B1} \\ \Delta x'_{12} = S_2 \cos\alpha_{12}, \Delta y'_{12} = S_2 \sin\alpha_{12} \\ \Delta x'_{23} = S_3 \cos\alpha_{23}, \Delta y'_{23} = S_3 \sin\alpha_{23} \\ \Delta x'_{3D} = S_4 \cos\alpha_{3D}, \Delta y'_{3D} = S_4 \sin\alpha_{3D} \end{aligned}$$

微分
$$d(\Delta x'_{B1}) = \cos\alpha_{B1} dS_1 - S_1 \sin\alpha_{B1} d\alpha_{B1} = \frac{\Delta x'_{B1}}{S_1} v_{S_1} - \frac{\Delta y'_{B1}}{\rho''} v''_1$$

同理
$$d(\Delta x'_{12}) = \frac{\Delta x'_{12}}{S_2} v_{S_2} - \frac{\Delta y'_{12}}{\rho''}(v''_1 + v''_2)$$

$$d(\Delta x'_{23}) = \frac{\Delta x'_{23}}{S_3} v_{S_3} - \frac{\Delta y'_{23}}{\rho''}(v''_1 + v''_2 + v''_3)$$

$$d(\Delta x'_{3D}) = \frac{\Delta x'_{3D}}{S_4} v_{S_4} - \frac{\Delta y'_{3D}}{\rho''}(v''_1 + v''_2 + v''_3 + v''_4)$$

将上列微分式代入式（3 - 56），经整理后为

$$\frac{\Delta x'_{B1}}{S_1} v_{S_1} + \frac{\Delta x'_{12}}{S_2} v_{S_2} + \frac{\Delta x'_{23}}{S_3} v_{S_3} + \frac{\Delta x'_{3D}}{S_4} v_{S_4}$$

$$- \frac{y_D - y_B}{\rho''} v_1 - \frac{y_D - y'_1}{\rho''} v_2 - \frac{y_D - y'_2}{\rho''} v_3 - \frac{y_D - y'_3}{\rho''} v_4 + \omega_x = 0$$

同样，可以导出横坐标改正数条件方程式为

$$\frac{\Delta y'_{B1}}{S_1}v_{S_1}+\frac{\Delta y'_{12}}{S_2}v_{S_2}+\frac{\Delta y'_{23}}{S_3}v_{S_3}+\frac{\Delta y'_{3D}}{S_4}v_{S_4}$$
$$+\frac{x_D-x_B}{\rho''}v_1+\frac{x_D-x'_1}{\rho''}v_2+\frac{x_D-x'_2}{\rho''}v_3+\frac{x_D-x'_3}{\rho''}v_4+\omega_y=0$$

上面两式中的 x、y、Δx、Δy 和 S 如以千米为单位，ω 以米为单位，v_{S_i} 以毫米为单位，v_i 以秒为单位，则上两式变为

$$0.2063\frac{\Delta x'_{B1}}{S_1}v_{S_1}+0.2063\frac{\Delta x'_{12}}{S_2}v_{S_2}+0.2063\frac{\Delta x'_{23}}{S_3}v_{S_3}+0.2063\frac{\Delta x'_{3D}}{S_4}v_{S_4}$$
$$-(y_D-y_B)v_1-(y_D-y'_1)v_2-(y_D-y'_2)v_3-(y_D-y'_3)v_4+206.265\omega_x=0 \tag{3-57a}$$

$$0.2063\frac{\Delta y'_{B1}}{S_1}v_{S_1}+0.2063\frac{\Delta y'_{12}}{S_2}v_{S_2}+0.2063\frac{\Delta y'_{23}}{S_3}v_{S_3}+0.2063\frac{\Delta y'_{3D}}{S_4}v_{S_4}$$
$$+(x_D-x_B)v_1+(x_D-x'_1)v_2+(x_D-x'_2)v_3+(x_D-x'_3)v_4+206.265\omega_y=0 \tag{3-57b}$$

式（3-57a）和式（3-57b）就是纵、横坐标改正数条件方程式。其组成规律为：

（1）纵坐标改正数条件方程式的导线边改正数的系数是该导线边纵坐标增量除以该导线边长再乘以 0.2063；导线角改正数的系数是该角顶点至终点的纵坐标差；导线角改正数所符号是左加右减。

（2）横坐标改正数条件方程式的导线边改正数的系数是该导线边横坐标增量除以该导线边长再乘以 0.2063；导线角改正数的系数是该角顶点至终点的纵坐标差；导线角改正数的符号是左加右减。

图 3-6 是一个导线环，A 和 B 点为已知点，起算数据仅有三个，没有多余的。1、2 和 3 为待定点，为确定这三个待定点，必须观测三条导线边及三个导线角。因而多余一条导线边和两个导线角。起算数据虽然没有多余，但引起的条件仍然是附合条件，即是有方位角条件、纵、横坐标条件各一个。这是一个环形导线，其方位角条件实际就是图形条件，纵、横坐标条件就是从任意一点出发，沿导线回到原出发点，其计算坐标值应与原坐标值相等。

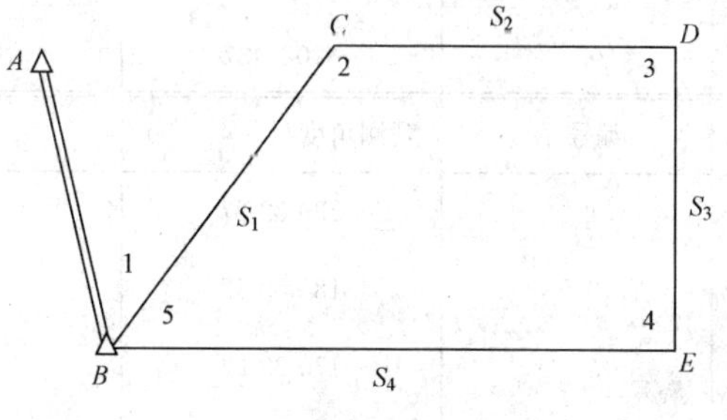

图 3-6

图形条件改正数条件方程式为

$$v_2+v_3+v_4+v_5+\omega_{图}=0$$

式中

$$\omega_{图}=\beta_2+\beta_3+\beta_4+\beta_5-360°$$

纵、横坐标改正数条件方程式，按前述组成规律直接写为

$$0.2063\frac{\Delta x'_{BC}}{S_1}v_{S_1}+0.2063\frac{\Delta x'_{CD}}{S_2}v_{S_2}+0.2063\frac{\Delta x'_{DE}}{S_3}v_{S_3}+0.2063\frac{\Delta x'_{EB}}{S_4}v_{S_4}$$
$$-(y'_B-y_B)v_1-(y'_B-y'_C)v_2-(y'_B-y'_D)v_3-(y'_B-y'_E)v_4+206.265\omega_x=0$$

$$0.2063\frac{\Delta y'_{BC}}{S_1}v_{S_1}+0.2063\frac{\Delta y'_{CD}}{S_2}v_{S_2}+0.2063\frac{\Delta y'_{DE}}{S_3}v_{S_3}+0.2063\frac{\Delta y'_{EB}}{S_4}v_{S_4}$$

$$+(x'_B-x_B)v_1+(x'_B-x'_C)v_2+(x'_B-x'_D)v_3+(x'_B-x'_E)v_4+206.265\omega_y=0$$

3.3.2 导线网条件平差算例

【例 3-5】 在图 3-7 中，A、B、C、D 为已知点，已知数据及观测数据均列于表 3-2 中。测角中误差 $m=\pm 5\sqrt{2}''$，边长测量中误差 $m_{s_i}=\pm 0.5\sqrt{s_i(m)}$ mm。试按条件平差法求；各点的坐标平差值，并评定 4 号点的点位精度和 3—4 号边的坐标方位角精度。

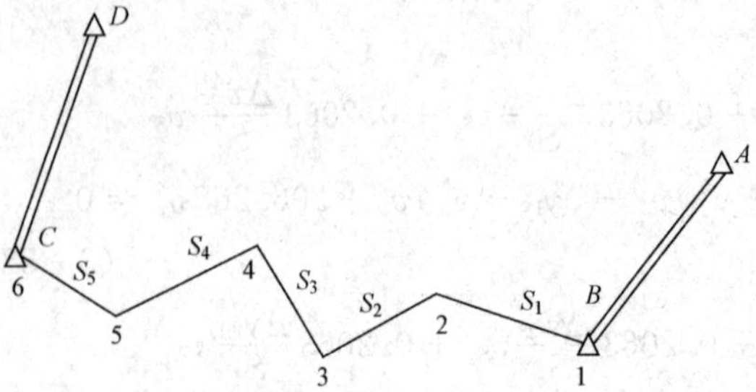

图 3-7

解 (1) 权的确定。

设单位权中误差 $m_0=\pm 5.0''$，则 $p_\beta=\dfrac{m_0^2}{m_\beta^2}=\dfrac{5^2}{(5\sqrt{2})^2}=\dfrac{1}{2}$，因该导线的边长不超过 500m，测边中误差不超过 12mm，为使观测边的权与观测角度的权不致相差太大，定权时测边中误差以毫米为单位，则观测边的权为

$$p_{s_i}=\frac{m_0^2}{m_{s_i}^2}=\frac{25}{0.25s_i(m)}=\frac{100}{s_i(m)}('')^2/\text{mm}^2$$

或

$$\frac{1}{p_{s_i}}=\frac{s_i(m)}{100}\text{mm}^2/('')^2$$

表 3-2

点号	已知坐标/m		编 号	已知坐标方位角/(° ′ ″)
	x	y		
B	3020.348	−9049.801	α_{AB}	226 44 59
C	3702.437	−10 133.399	α_{CD}	57 59 31
编号	观测角度/(° ′ ″)	编号	观测边长/m	
1	230 32 37	1	204.952	
2	180 00 42	2	200.130	
3	170 39 22	3	345.153	
4	236 48 37	4	278.059	
5	192 14 25	5	451.692	
6	260 59 01			

注意：若定权时，测边中误差取毫米（mm）为单位，则条件方程中的观测边改正数 v_{s_i} 及坐标闭合差 w_x、w_y 均应取毫米（mm）为单位；定权时，测角中误差取秒（″）为单位，则条件方程中角度改正数 v_{β_i} 及坐标方位角闭合差 w_α 均取秒（″）为单位。

(2) 列条件方程式。在计算条件式系数时近似坐标取米（m）为单位，则 ρ 取 206.265。

根据题意：$r=3$

方位角条件一个

$$v_1+v_2+v_3+v_4+v_5+v_6+12''=0$$

纵、横坐标条件式各一个

$$5.2532v_1+4.2676v_2+3.3052v_3+1.6329v_4+0.8553v_5+0.1269v_{s_1}+0.1272v_{s_2}$$
$$-0.0356v_{s_3}+0.8169v_{s_4}+0.9206v_{s_5}+51.50=0$$
$$3.3071v_1+3.1810v_2+3.0577v_3+3.1172v_4+2.0160v_5-0.9919v_{s_1}-0.9919v_{s_2}$$
$$-0.9994v_{s_3}-0.5768v_{s_4}-0.3905v_{s_5}+63.03=0$$

权函数式为

$$\alpha_{3-4}=\alpha_{AB}+\hat{\beta}_1+\hat{\beta}_2+\hat{\beta}_3\pm3\times180^\circ$$

权函数式为

$$F_{\alpha_{3-4}}=v_1+v_2+v_3$$

另外二个权函数式为

$$F_{x_4}=3.6204v_1+2.6347v_2+1.6723v_3+0.1269v_{s_1}+0.1272v_{s_2}-0.0356v_{s_3}$$
$$F_{y_4}=0.1900v_1+0.0638v_2-0.0595v_3-0.9919v_{s_1}-0.9919v_{s_2}-0.9994v_{s_3}$$

(3) 法方程的组成和解算。

$$\left.\begin{aligned}12.0000k_a+30.6276k_b+29.3576k_c+12.0000=0\\30.6276k_a+126.0117k_b+92.4118k_c+51.5000=0\\29.3576k_a+92.4118k_b+97.4150k_c+63.0300=0\end{aligned}\right\}$$

解得：$k_a=2.1666$，$k_b=0.0593$，$k_c=-1.3562$

(4) 改正数和平差值的计算。

利用改正数方程可求得

$$\boldsymbol{V}=[-4.0\quad -3.8\quad -3.6\quad -3.9\quad -1.0\quad 4.3\quad 2.8\quad 2.7\quad 4.7\quad 2.3\quad 2.6]$$

(5) 计算平差值。根据以上结果，求得平差值及点的坐标平差值见表3-3。

表3-3

点号	边平差值/m	坐标方位角平差值/(° ′ ″)	坐标平差值/m	
			x	y
1	204.9548	277 17 31.99	3020.348	−9049.801
2	200.1327	277 18 10.20	3046.363	−9253.098
3	345.1577	267 57 28.63	3071.802	−9451.607
4	278.0613	324 46 01.70	3059.504	−9796.546
5	451.6946	337 00 25.67	3286.628	−9956.960
6			3702.437	−10133.399

(6) 精度评定。

计算得$[pvv]=56.43$，于是计算单位权中误差m_0得

$$m_0=\pm\sqrt{\frac{[pvv]}{r}}=\pm\sqrt{\frac{56.43}{3}}=\pm4''.3$$

由法方程的系数，组成三组转换系数方程，由

$$\left.\begin{aligned}12.0000q_a^\alpha+30.6276q_b^\alpha+29.3576q_c^\alpha+6.0000=0\\30.6276q_a^\alpha+126.0117q_b^\alpha+92.4118q_c^\alpha+25.6514=0\\29.3576q_a^\alpha+92.4118q_b^\alpha+97.4150q_c^\alpha+19.0914=0\end{aligned}\right\}$$

解得：$q_a^\alpha=0.1016$，$q_b^\alpha=-0.2040$，$q_c^\alpha=-0.0331$。

$$\frac{1}{p_\alpha}=6+6q_a^\alpha-25.6514q_b^\alpha-19.0914q_c^\alpha=0.74$$

由

$$\left.\begin{aligned}12.0000q_a^x+30.6276q_b^x+29.3576q_c^x+15.8546=0\\30.6276q_a^x+126.0117q_b^x+92.4118q_c^x+71.6467=0\\29.3576q_a^x+92.4118q_b^x+97.4150q_c^x+50.5462=0\end{aligned}\right\}$$

解得：$q_a^x=0.2674$，$q_b^x=-0.6734$，$q_c^x=0.0532$。

$$\frac{1}{p_x}=45.7594+15.8546q_a^x-71.6467q_b^x+50.5462q_c^x=4.44$$

由

$$\left.\begin{aligned}12.0000q_a^y+30.6276q_b^y+29.3576q_c^y+0.3886=0\\30.6276q_a^y+126.0117q_b^y+92.4118q_c^y+1.7598=0\\29.3576q_a^y+92.4118q_b^y+97.4150q_c^y+8.7293=0\end{aligned}\right\}$$

解得：$q_a^y=0.5996$，$q_b^y=-0.1266$，$q_c^y=-0.3904$。

$$\frac{1}{p_y}=7.5179+0.3886q_a^y+1.7598q_b^x-8.7293q_c^y=4.57$$

计算 3-4 号边的坐标方位角中误差。4 号点的纵、横坐标中误差和点位中误差分别为：

$$m''_{\alpha(3\text{-}4)}=\pm m_0\sqrt{\frac{1}{p_\alpha}}=\pm4.3\sqrt{0.74}=\pm3''.7$$

$$m_{x_4}=\pm m_0\sqrt{\frac{1}{p_x}}=\pm4.3\sqrt{4.44}=\pm9.1\text{mm}$$

$$m_{y_4}=\pm m_0\sqrt{\frac{1}{p_y}}=\pm4.3\sqrt{4.57}=\pm9.2\text{mm}$$

$$m_4=\sqrt{(9.1)^2+(9.2)^2}=\pm12.9\text{mm}$$

3.4 三角网条件平差简介

3.4.1 测角网条件方程的列立

1. 图形条件（内角和条件）

图形条件是指每个闭合的平面多边形中诸内角平差值之和应等于其理论值。例如，平面上任意三角形的内角和应等于 180°，n 边多边形内角和应等于 $(n-2)\times180°$。

在图 3 - 1 中，单三角形的图形条件方程为

$$\hat{L}_1+\hat{L}_2+\hat{L}_3-180°=0$$

将 $\hat{L}_i=L_i+v_i$（$i=1，2，3$）代入上式得

$$L_1 + v_1 + L_2 + v_2 + L_3 + v_3 - 180° = 0$$

式中　$L_1 + L_2 + L_3 - 180° = \omega$。

故有

$$v_1 + v_2 + v_3 + \omega = 0 \tag{3-58}$$

式中　ω——三角形闭合差。

上式就是一个单三角形的图形条件方程。

2. 圆周条件（水平条件）

中点多边形，常见的有中点三边形、中点四边形、中点五边形等，并且在中心点上观测了所有角度，那么各中心角的平差值之和应等于 360°，这个条件称为圆周条件，也称水平条件。

如图 3-8 列出的圆周条件方程为

$$\left.\begin{aligned} v_3 + v_6 + v_9 + v_{12} + \omega_{圆} = 0 \\ L_3 + L_6 + L_9 + L_{12} - 360° = \omega_{圆} \end{aligned}\right\} \tag{3-59}$$

式中　$\omega_{圆}$——圆周条件闭合差。

3. 极条件（边长条件）

在大地四边形、中点多边形等图形中，虽然图形条件和圆周条件都已经满足，但还不能保证几何图形的完全闭合。因为，几何图形还与三角形的边长有关。因此，还必须考虑满足边长条件的问题。

在一定的图形中，若以三角形的公共顶点为极，由任一边出发，围绕极点，用平差值推算各边长再回复到起始边，推算值应与起算值相等。凡满足这一几何关系而构成的条件，称为极条件。

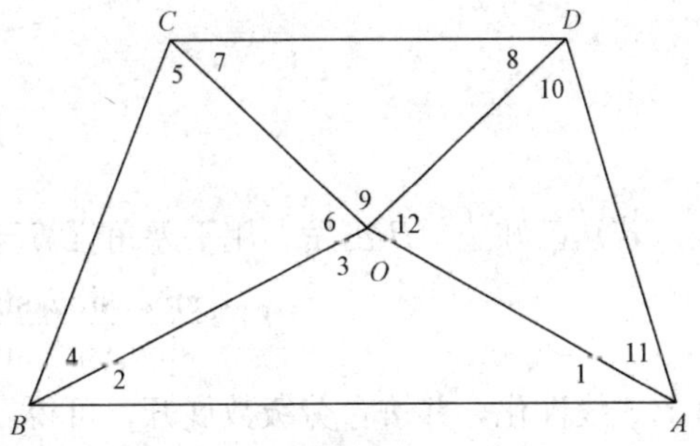

图 3-8

（1）中点多边形的极条件式。图 3-8 是由 4 个三角形组成的中点多边形，设以中心点 O 为极，由 OA 边出发，根据正弦定理，用平差后的角度推算 OB、OC、OD 边，再回到 OA 边时，其推算长度应等于该边原来的长度，即

$$\frac{\sin\hat{L}_1 \sin\hat{L}_4 \sin\hat{L}_7 \sin\hat{L}_{10}}{\sin\hat{L}_2 \sin\hat{L}_5 \sin\hat{L}_8 \sin\hat{L}_{11}} = 1 \tag{3-60}$$

这便是图 3-8 极条件方程的初步形式。

对于中点多边形来说，平差角不仅满足图形条件和圆周条件，而且应同时满足极条件。

（2）大地四边形的极条件式。

大地四边形中也存在着极条件。如图 3-9 所示，以 A 点为极，以 AB 边为起算边，在 $\triangle ABC$ 中可求得 AC，在 $\triangle ACD$ 中可求得 AD，再在 $\triangle ABD$ 中又可求得（回复到）AB。按边长比例，列出其关系式为

$$\frac{AC}{AB} \cdot \frac{AD}{AC} \cdot \frac{AB}{AD} = \frac{(\sin\hat{L}_2 + \hat{L}_3)\sin\hat{L}_5 \sin\hat{L}_7}{\sin\hat{L}_4 \sin(\hat{L}_6 + \hat{L}_7)\sin\hat{L}_2} = 1 \tag{3-61}$$

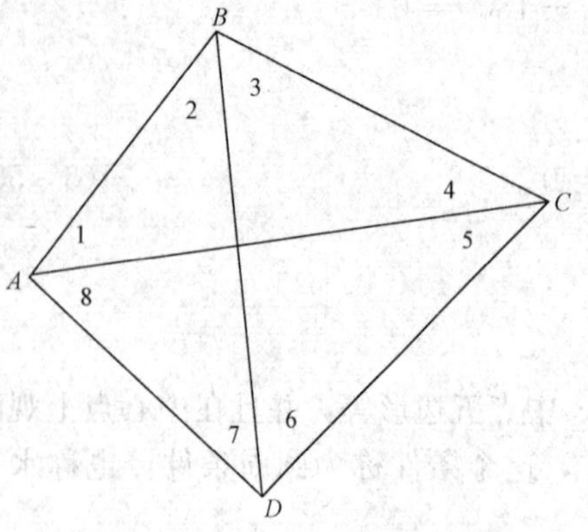

图 3 - 9

4. 基线条件或固定边条件

在三角网中，如果有两条或两条以上的已知边时，由一条已知边起算，用平差后的角值经各三角形推算至另一已知边，其推算结果应与该边已知长度相等，这就是基线条件或固定边条件。

在图 3 - 10 中，AB 和 CD 都是已知边，其长度分别以 S_{AB} 和 S_{CD} 表示。图上虚线表示推算路线，以 a_i 表示每个三角形中待求边长所对的传距角；b_i 表示已知边长所对的传距角；c_i 表示间隔边所对的间隔角；v_{a_i}、v_{b_i}、v_{c_i} 为相应的改正数；下标 i 表示相应的三角形编号。

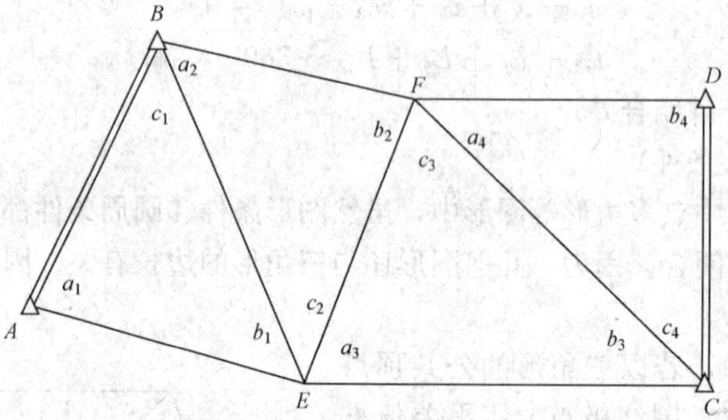

图 3 - 10

若从已知边 AB 出发，用平差角推算至另一已知边 CD 时，可得下式

$$\frac{\sin\hat{a}_1\sin\hat{a}_2\sin\hat{a}_3\sin\hat{a}_4}{\sin\hat{b}_1\sin\hat{b}_2\sin\hat{b}_3\sin\hat{b}_4}\cdot\frac{S_{AB}}{S_{CD}}=1$$

将上式线性化，并按台劳级数展开，可得

$$\left.\begin{aligned}&\sum_1^n\cot a_i v_{a_i}-\sum_1^n\cot b_i v_{b_i}+\rho\omega_{基}=0\\&\frac{\sin a_1\sin a_2\cdots\sin a_n}{\sin b_1\sin b_2\cdots\sin b_n}\cdot\frac{S_{AB}}{S_{CD}}-1=\omega_{基}\end{aligned}\right\}\quad(3-62)$$

5. 方位角条件或固定角条件

由一条边的已知方位角起算，用平差后的角值，推算另一已知边的方位角时，推算值应等于已知值，这就是方位角条件。

仍以图 3 - 10 为例，已知 AB 边的坐标方位角为 α_{BA}，CD 边的坐标方位角为 α_{CD}，图上虚线表示方位角的传算路线，从 α_{BA} 起算，用平差角推算 α_{CD}，则方位角条件式为

$$\alpha_{BA}-\hat{c}_1+180°+\hat{c}_2+180°-\hat{c}_3+180°+\hat{c}_4-\alpha_{CD}=0$$

将 $\hat{c}_i=c_i+v_{c_i}$ 代入上式，并经整理得

$$\left.\begin{aligned}&-v_{c_1}+v_{c_2}-v_{c_3}+v_{c_4}+\omega_{方}=0\\&\alpha_{BA}-c_1+c_2-c_3+c_4+3\times180°-\alpha_{CD}=\omega_{方}\end{aligned}\right\}\quad(3-63)$$

6. 纵、横坐标条件

三角网中，由一已知点或已知点组的坐标起算，用经过平差后的角值推算到另一已知点或已知点组，其推算值应与该已知值相等，根据这一要求所列出的条件式，称为坐标条件式。

所谓一组已知点是指有固定边和固定角相联结着的两个或两个以上的已知点，统称为一组已知点。因为同一组已知点中，由任一已知点的坐标就可根据联系着的固定边和固定角，推算出另一点坐标。这样，同一组已知点之间互相并不独立，所以在同一组已知点中，只要用其中任一点坐标来满足条件方程即可。

纵、横坐标的推算路线，一般与基线条件和方位角条件的推算路线相一致。下面以列立纵坐标条件为例，简述推导坐标条件一般公式的基本思想。

在图3-10中，a_i、b_i、c_i 表示观测角，相应的改正数为 v_{a_i}、v_{b_i}、v_{c_i}，平差值为 $\hat{a}_i$、$\hat{b}_i$、$\hat{c}_i$；S_{AB}、S_{CD}为两端的已知边长，α_{BA}、α_{CD}为两端的已知方位角。现以 $\Delta x_{i,i+1}$、$S_{i,i+1}$，$\alpha_{i,i+1}$ 分别表示由观测值推算得的 i 点至 $i+1$ 点间的坐标增量、边长和坐标方位角。

若由 B 点起算，沿图中虚线推算路线，先推算 E、F 点的坐标，最后可闭合到 C 点。这一路线的纵坐标条件方程可表达为

$$x_B + \Delta\hat{x}_{BE} + \Delta\hat{x}_{EF} + \Delta\hat{x}_{FC} - x_C = 0$$

式中 x_B、x_C——推算路线的起讫点的已知纵坐标。

因为坐标增量平差值 $\Delta x_{i,i+1}$ 是边长和方位角的函数，而边长、方位角又是根据角度算出来的。将上式写成用平差角度表示的计算式，再对其用台劳级数展开取一次项，经过计算便可得纵坐标条件方程的形式为

$$\sum_1^{n-1}\{X_n - x'_i\}_{km}(\cot a_i \cdot v_{a_i} - \cot b_i \cdot v_{b_i}) - \sum_1^{n-1}\{Y_n - y'_i\}_{km} \cdot (\pm v_{c_i}) + 206.265\omega_x = 0 \tag{3-64}$$

横坐标条件式

$$\sum_1^{n-1}\{Y_n - y'_i\}_{km}(\cot a_i \cdot v_{a_i} - \cot b_i \cdot v_{b_i}) + \sum_1^{n-1}\{X_n - x'_i\}_{km} \cdot (\pm v_{c_i}) + 206.265\omega_y = 0 \tag{3-65}$$

在针对具体问题列立纵、横坐标条件式时，可按下述规律列立：

（1）纵坐标条件方程中求距角改正数的系数，等于其基线条件方程的系数乘以推算路线终点纵坐标与该三角形顶点纵坐标之差；间隔角改正数的系数，等于方位角条件方程的系数乘以终点横坐标与间隔角顶点横坐标之差的反号。

（2）横坐标条件方程的系数，只要把纵坐标条件中的纵、横坐标差互相交换，但间隔角改正纵坐标差不必反号。

（3）有时为了不使坐标条件系数过大，可以将方程的系数和常数项同时缩小10（或100）倍。

3.4.2 测角网条件平差算例

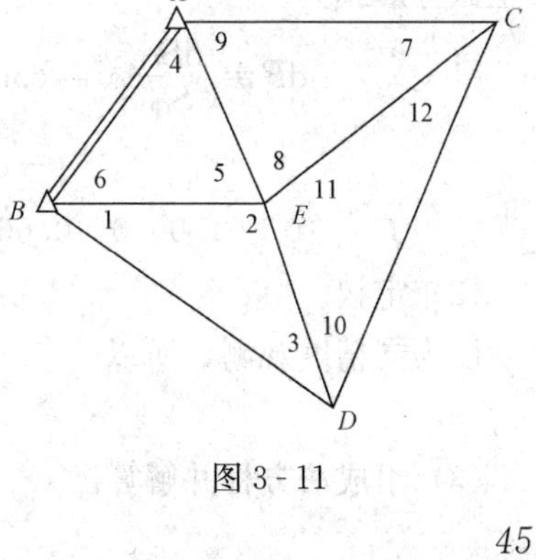

图3-11

【例3-6】 如图3-11，由表3-4所列观测值，起算数据表（表3-5），试求各观测值的平差值，并求最弱边

的相对中误差。

表 3-4

角号	观测角/(° ′ ″)	角号	观测角/(° ′ ″)	角号	观测角/(° ′ ″)
1	58 33 13.8	5	123 26 42.3	9	56 27 54.6
2	78 55 03.3	6	31 33 40.7	10	53 31 54.4
3	42 31 42.6	7	46 41 46.9	11	80 47 54.7
4	24 59 36.3	8	76 50 19.7	12	45 40 08.9

表 3-5

等级	点名	坐标		坐标方位角 α/(° ′ ″)	至何点	边长/m
		X/m	Y/m			
Ⅱ	A	3 553 106.74	412 513.61	15 08 44.6	B	11 532.48
Ⅱ	B	3 564 238.63	415 526.76			

解 根据题意：$n=12$，$p=3$，$r=n-2p=12-6=6$。

（1）列条件方程式及权函数式。

图形条件 4 个，即

$$\begin{cases} v_1+v_2+v_3-0.3=0 \\ v_4+v_5+v_6-0.7=0 \\ v_7+v_8+v_9+1.2=0 \\ v_{10}+v_{11}+v_{12}-2.0=0 \end{cases}$$

圆周条件 1 个，即

$$v_2+v_5+v_8+v_{11}+0=0$$

极条件 1 个，即

$$0.61v_1-1.09v_3+2.15v_4-1.63v_6+0.94v_7-0.66v_9+0.74v_{10}-0.98v_{12}-3.77=0$$

距离起算边最远的边，因其传播误差最大，所以叫最弱边，图 3-11 的最弱边为 CD 边，最弱边的计算式为

$$\hat{S}_{CD}=S_{AB}\frac{\sin\hat{L}_6\sin\hat{L}_9\sin\hat{L}_{11}}{\sin\hat{L}_5\sin\hat{L}_7\sin\hat{L}_{10}}$$

其全微分形式为

$$\mathrm{d}F=\frac{\mathrm{d}\hat{S}_{CD}}{S_{CD}}\rho''=\cot L_6\,\mathrm{d}\hat{L}_6+\cot L_9\,\mathrm{d}\hat{L}_9+\cot L_{11}\,\mathrm{d}\hat{L}_{11}-\cot L_5\,\mathrm{d}\hat{L}_5-\cot\hat{L}_7\,\mathrm{d}\hat{L}_7-\cot L_{10}\,\mathrm{d}\hat{L}_{10}$$

$$\boldsymbol{f}=[0\quad 0\quad 0\quad 0\quad 0.66\quad 1.63\quad -0.94\quad 0\quad 0.66\quad -0.74\quad 0.16\quad 0]^{\mathrm{T}}$$

（2）定权。

设为同精度观测，所以

$$p_i=1(i=1,2,\cdots,12)$$

（3）组成法方程并解算。

$$\underset{6\times12}{A}=\begin{bmatrix}1&1&1&0&0&0&0&0&0&0&0&0\\0&0&0&1&1&1&0&0&0&0&0&0\\0&0&0&0&0&0&1&1&1&0&0&0\\0&0&0&0&0&0&0&0&0&1&1&1\\0&1&0&0&1&0&0&1&0&0&1&0\\0.61&0&-1.09&2.15&0&-1.63&0.94&0&-0.66&0.74&0&-0.98\end{bmatrix}$$

$$\underset{6\times1}{W}=\begin{bmatrix}-0.3\\-0.7\\1.2\\-2.0\\0\\-3.77\end{bmatrix}$$

组成法方程为

$$\begin{bmatrix}3&0&0&0&1&-0.48\\0&3&0&0&1&0.52\\0&0&3&0&1&0.28\\0&0&0&3&1&-0.24\\1&1&1&1&4&0\\-0.48&0.52&0.28&-0.24&0&11.67\end{bmatrix}\begin{bmatrix}k_a\\k_b\\k_c\\k_d\\k_e\\k_f\end{bmatrix}+\begin{bmatrix}-0.3\\-0.7\\1.2\\-2.0\\0\\-3.77\end{bmatrix}=\begin{bmatrix}0\\0\\0\\0\\0\\0\end{bmatrix}$$

解得

$$k_a=0.2292, k_b=0.2472, k_c=0.3584,$$
$$k_d=0.7682, k_e=-0.2215, k_f=0.3459$$

（4）计算改正数。

利用改正数方程可求得

$$\boldsymbol{V}=[0.4\quad 0.0\quad -0.1\quad 1.0\quad 0.0\quad -0.3\quad 0\quad -0.6\quad -0.6\quad 1.0\quad 0.6\quad 0.4]^{T}('')$$

（5）计算平差值。

根据以上结果，求得平差值见表3-6。

表3-6

角号	平差后角度/(° ′ ″)	角号	平差后角度/(° ′ ″)	角号	平差后角度/(° ′ ″)
1	58 33 14.2	5	123 26 42.3	9	56 27 54.0
2	78 55 03.3	6	31 33 40.4	10	53 31 55.4
3	42 31 42.5	7	46 41 46.9	11	80 47 55.3
4	24 59 37.3	8	76 50 19.1	12	45 40 09.3

以平差值重列条件方程进行检核，经检验满足所有条件方程。

（6）单位权中误差计算。

$$m_0=\sqrt{\frac{V^{T}PV}{r}}=\sqrt{\frac{3.50}{6}}=0.76''$$

（7）计算平差后 C 点至 D 点间高差的中误差。

转换方程常数项为

$$AP^{-1}f=\begin{bmatrix}0\\1.63\\-0.28\\-0.58\\0.82\\-4.52\end{bmatrix}$$

解得转换系数为

$$q_a=-0.0385, q_b=-0.7224, q_c=-0.0520,$$
$$q_d=0.1211, q_e=0.3810, q_f=0.4217$$

根据式（3-46），求得 $\frac{1}{P_F}=2.15$。

则

$$m_F=m_0\sqrt{\frac{1}{P_F}}=0.76\sqrt{2.15}=1.11''$$

$$\frac{m_{S_{CD}}}{S_{CD}}=\frac{m_F}{\rho''}\frac{1.11}{206\ 265}\approx\frac{1}{185\ 000}$$

第4章 间 接 平 差

4.1 间接平差原理

4.1.1 间接平差的基本思想

间接平差法（参数平差法）是通过选定 t 个与观测值有一定关系的独立未知量作为参数，将每个观测值都分别表达成这 t 个参数的函数，建立函数模型，按最小二乘原理，用求自由极值的方法解出参数的最或然值，从而求得各观测值的平差值。

例如，在一个三角形中，等精度独立观测了三个角，观测值分别为 L_1、L_2 和 L_3。求此三角形各内角的最或然值。若能选取两个内角的最或然值作为参数 $\hat{X}_1$、$\hat{X}_2$，则可以建立参数与观测值之间的函数关系式

$$\left.\begin{aligned} L_1+v_1&=\hat{X}_1\\ L_2+v_2&=\hat{X}_2\\ L_3+v_3&=-\hat{X}_1-\hat{X}_2+180^\circ \end{aligned}\right\}\tag{4-1}$$

式（4-1）称为平差值方程。

将 L_1、L_2、L_3 移至等式右端，可得误差方程

$$\left.\begin{aligned} v_1&=\hat{X}_1-L_1\\ v_2&=\hat{X}_2-L_2\\ v_3&=180^\circ-\hat{X}_1-\hat{X}_2-L_3 \end{aligned}\right\}\tag{4-2}$$

式（4-2）中未知数 X_1、X_2 的数值一经确定，与其相应的一组改正数便随之确定。对任意的一组未知量，都可求得一组对应的改正数，且不论未知数取何值，只要是由式（4-2）求得的改正数，都满足下式

$$(L_1+v_1)+(L_2+v_2)+(L_3+v_3)=180^\circ\tag{4-3}$$

说明由式（4-2）求得的改正数，都可达到消除不符值的目的。

但由式（4-2）求得的改正数随未知数的取值不同而不同，故 v_1、v_2、v_3 可有多组解，为此引入最小二乘原则：$V^{\mathrm{T}}PV=\min$ 可求得唯一解。对上述三角形，引入最小二乘原则，设观测值为等精度独立观测，则有

$$[vv]=(\hat{X}_1-L_1)^2+(\hat{X}_2-L_2)^2+(180^\circ-\hat{X}_1-\hat{X}_2-L_3)^2=\min\tag{4-4}$$

按数学上求自由极值的方法对上式分别求偏导数并令等于零，可得

$$\left.\begin{aligned} \frac{\partial[vv]}{\partial\hat{X}_1}&=0\\ \frac{\partial[vv]}{\partial\hat{X}_2}&=0 \end{aligned}\right\}\tag{4-5}$$

得法方程

$$\left.\begin{aligned}2\hat{X}_1+\hat{X}_2-L_1+L_3-180^\circ=0\\\hat{X}_1+2\hat{X}_2-L_2+L_3-180^\circ=0\end{aligned}\right\}\tag{4-6}$$

上式称为法方程，解算法方程，得未知数 $\hat{X}_1$、$\hat{X}_2$ 的最或然值

$$\left.\begin{aligned}\hat{X}_1=L_1-(L_1+L_2+L_3-180^\circ)/3\\\hat{X}_2=L_2-(L_1+L_2+L_3-180^\circ)/3\end{aligned}\right\}\tag{4-7}$$

代入误差方程式，得到观测值的改正数

$$\left.\begin{aligned}v_1=-(L_1+L_2+L_3-180^\circ)/3\\v_2=-(L_1+L_2+L_3-180^\circ)/3\\v_3=-(L_1+L_2+L_3-180^\circ)/3\end{aligned}\right\}\tag{4-8}$$

由改正数便可求得观测值的平差值。

4.1.2 间接平差的基本原理

设平差问题中有 n 个观测值 L，已知其协因数阵 $Q=P^{-1}$，必要观测数为 t，选定 t 个独立参数 $\hat{X}$，其近似值为 $\hat{X}=X^0+\hat{x}$，观测值 L 与改正数 V 之和 $\hat{L}=L+V$，称为观测量的平差值。按具体平差问题，可列出 n 个平差值方程为

$$L_i+v_i=a_i\hat{X}_1+b_i\hat{X}_2+\cdots+t_i\hat{X}_t+d_i\quad(i=1,2,3,\cdots,n)\tag{4-9}$$

令

$$\underset{n,1}{\boldsymbol{L}}=[L_1\quad L_2\quad\cdots\quad L_n]^{\mathrm{T}}$$
$$\underset{n,1}{\boldsymbol{V}}=[V_1\quad V_2\quad\cdots\quad V_n]^{\mathrm{T}}$$
$$\underset{n,1}{\hat{\boldsymbol{X}}}=[\hat{X}_1\quad\hat{X}_2\quad\cdots\quad\hat{X}_t]^{\mathrm{T}}$$
$$\underset{n,1}{\boldsymbol{d}}=[d_1\quad d_2\quad\cdots\quad d_n]^{\mathrm{T}}$$
$$\underset{n,t}{\boldsymbol{B}}=\begin{bmatrix}a_1&b_1&\cdots&t_1\\a_2&b_2&\cdots&t_2\\\cdots&\cdots&\cdots&\cdots\\a_n&b_n&\cdots&t_n\end{bmatrix}$$

则平差值方程的矩阵形式为

$$\boldsymbol{L}+\boldsymbol{V}=\boldsymbol{B}\hat{\boldsymbol{X}}+\boldsymbol{d}\tag{4-10}$$

令

$$\begin{aligned}\hat{\boldsymbol{X}}&=\boldsymbol{X}^0+\hat{\boldsymbol{x}}\\\boldsymbol{l}&=\boldsymbol{L}-(\boldsymbol{B}\boldsymbol{X}^0+\boldsymbol{d})\end{aligned}\tag{4-11}$$

式中 X^0 为参数的充分近似值，于是可得误差方程式为

$$\boldsymbol{V}=\boldsymbol{B}\hat{\boldsymbol{x}}-\boldsymbol{l}\tag{4-12}$$

按最小二乘原理，上式的 $\hat{x}$ 必须满足 $\boldsymbol{V}^{\mathrm{T}}\boldsymbol{P}\boldsymbol{V}=\min$ 的要求，因为 t 个参数为独立量，故可按数学上求函数自由极值的方法，得

$$\frac{\partial\boldsymbol{V}^{\mathrm{T}}\boldsymbol{P}\boldsymbol{V}}{\partial\hat{x}}=2\boldsymbol{V}^{\mathrm{T}}\boldsymbol{P}\frac{\partial\boldsymbol{V}}{\partial\hat{\boldsymbol{x}}}=\boldsymbol{V}^{\mathrm{T}}\boldsymbol{P}\boldsymbol{B}=0$$

转置后得

$$\boldsymbol{B}^{\mathrm{T}}\boldsymbol{P}\boldsymbol{V}=0\tag{4-13}$$

以上所得的式（4-12）和式（4-13）中的待求量是 n 个 $\boldsymbol{V}$ 和 t 个 $\hat{\boldsymbol{x}}$，而方程个数也是

$n+t$个，有唯一解，故称此两式为间接平差的基础方程。

解此基础方程，一般是将式（4-12）代入式（4-13），以便先消去$\boldsymbol{V}$，得

$$\boldsymbol{B}^{\mathrm{T}}\boldsymbol{P}\boldsymbol{B}\hat{\boldsymbol{x}}-\boldsymbol{B}^{\mathrm{T}}\boldsymbol{P}\boldsymbol{l}=0 \tag{4-14}$$

令

$$\underset{t,t}{\boldsymbol{N}_{bb}}=\boldsymbol{B}^{\mathrm{T}}\boldsymbol{P}\boldsymbol{B},\underset{t,1}{\boldsymbol{W}}=\boldsymbol{B}^{\mathrm{T}}\boldsymbol{P}\boldsymbol{l}$$

上式可简写成

$$\boldsymbol{N}_{bb}\hat{\boldsymbol{x}}-\boldsymbol{W}=0 \tag{4-15}$$

式中系数阵$\boldsymbol{N}_{bb}$为满秩矩阵，即$\boldsymbol{R}(\boldsymbol{N}_{bb})=t$，$\hat{\boldsymbol{x}}$有唯一解，上式称为间接平差的法方程。解之，得

$$\hat{\boldsymbol{x}}=\boldsymbol{N}_{bb}^{-1}\boldsymbol{W} \tag{4-16}$$

或

$$\hat{\boldsymbol{x}}=(\boldsymbol{B}^{\mathrm{T}}\boldsymbol{P}\boldsymbol{B})^{-1}\boldsymbol{B}^{\mathrm{T}}\boldsymbol{P}\boldsymbol{l} \tag{4-17}$$

将求出的$\hat{x}$代入误差方程（4-12），即可求得改正数$\boldsymbol{V}$，从而平差结果为

$$\hat{\boldsymbol{L}}=\boldsymbol{L}+\boldsymbol{V},\hat{\boldsymbol{X}}=\boldsymbol{X}^{0}+\hat{\boldsymbol{x}} \tag{4-18}$$

特别地，当$\boldsymbol{P}$为对角阵时，即观测值之间相互独立，则法方程（4-15）的纯量形式为

$$\left.\begin{array}{l}[paa]\hat{x}_1+[pab]\hat{x}_2+\cdots+[pat]\hat{x}_t=[pal]\\ [pab]\hat{x}_1+[pbb]\hat{x}_2+\cdots+[pbt]\hat{x}_t=[pbl]\\ \cdots\\ [pat]\hat{x}_1+[pbt]\hat{x}_2+\cdots+[ptt]\hat{x}_t=[ptl]\end{array}\right\} \tag{4-19}$$

实际计算时，先由式（4-15）解算$\hat{\mathrm{x}}$，再将未知数代入误差方程式（4-12），计算观测值的改正数$\boldsymbol{V}$，由改正数$\boldsymbol{V}$与观测值求和即得观测值的平差值$\hat{\boldsymbol{L}}$，这些平差值之间已经消除了矛盾。至此，解决了间接平差中求最或然值的问题。

4.1.3　间接平差求平差值的计算步骤

根据上述原理，实际间接平差法的计算步骤如下：

（1）根据平差问题的性质，选择t个独立量作为参数。

（2）将每一个观测量的平差值分别表达成所选参数的函数，若函数非线性要将其线性化，列出误差方程（4-12）。

（3）由误差方程系数$\boldsymbol{B}$和自由项$\boldsymbol{l}$组成法方程（4-15），法方程个数等于参数的个数t。

（4）解算法方程，求出参数$\hat{\boldsymbol{x}}$，计算参数的平差值$\hat{\boldsymbol{X}}=\boldsymbol{X}^{0}+\hat{\boldsymbol{x}}$。

（5）由误差方程计算$\boldsymbol{V}$，求出观测量平差值$\hat{\boldsymbol{L}}=\boldsymbol{L}+\boldsymbol{V}$。

【例 4-1】　在图 4-1 所示的水准网中，A、B、C为已知水准点，高差观测值及路线长度如下：$h_1=+1.003\mathrm{m}$，$h_2=+0.501\mathrm{m}$，$h_3=+0.503\mathrm{m}$，$h_4=+0.505\mathrm{m}$；$S_1=1\mathrm{km}$，$S_2=2\mathrm{km}$，$S_3=2\mathrm{km}$，$S_4=1\mathrm{km}$。已知$H_A=11.000\mathrm{m}$，$H_B=11.500\mathrm{m}$，$H_C=12.008\mathrm{m}$，试用间接平差法求P_1及P_2点的高程平差值。

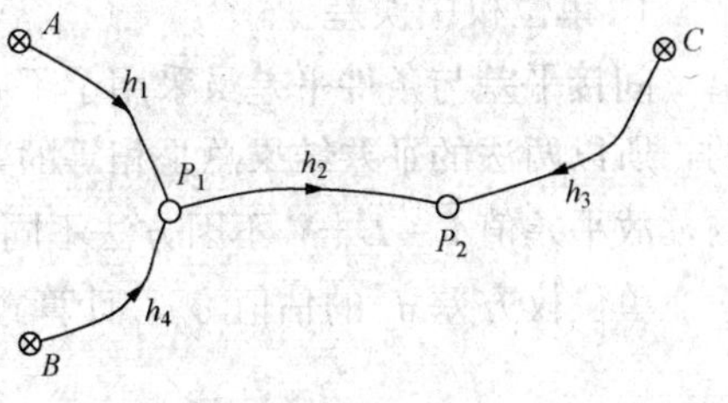

图 4-1

解　(1) 按题意知必要观测数$t=2$，选取P_1、P_2两点高程$\hat{X}_1$、$\hat{X}_2$为参数，取未知参数的近似值为$X_1^0=H_A+h_1=12.003$（m）、$X_2^0=H_C+h_3=$

12.511（m），令 2km 观测为单位权观测，则 $P_1=2$，$P_2=1$，$P_3=1$，$P_4=2$。

（2）根据图形列平差值方程式，计算误差方程式如下

$$v_1=\hat{x}_1-(h_1-X_1^0+H_A)$$
$$v_2=-\hat{x}_1+\hat{x}_2-(h_2-X_2^0+X_1^0)$$
$$v_3=\hat{x}_2-(h_3-X_2^0+H_C)$$
$$v_4=\hat{x}_1-(h_4-X_1^0+H_B)$$

代入具体数值，并将改正数以（mm）为单位，则有

$$v_1=\hat{x}_1-0$$
$$v_2=-\hat{x}_1+\hat{x}_2-(-7)$$
$$v_3=\hat{x}_2-0$$
$$v_4=\hat{x}_1-2$$

可得 $\boldsymbol{B}$、$\boldsymbol{P}$ 和 $\boldsymbol{l}$ 矩阵如下：

$$\boldsymbol{B}=\begin{bmatrix}1&0\\-1&1\\0&1\\1&0\end{bmatrix},\boldsymbol{P}=\begin{bmatrix}2&0&0&0\\0&1&0&0\\0&0&1&0\\0&0&0&2\end{bmatrix},\boldsymbol{l}=\begin{bmatrix}0\\-7\\0\\2\end{bmatrix}$$

（3）由误差方程系数 $\boldsymbol{B}$ 和自由项 $\boldsymbol{l}$ 组成法方程 $\boldsymbol{B}^T\boldsymbol{PB}\hat{\boldsymbol{x}}-\boldsymbol{B}^T\boldsymbol{Pl}=0$ 得

$$\begin{bmatrix}5&-1\\-1&2\end{bmatrix}\begin{bmatrix}\hat{x}_1\\\hat{x}_2\end{bmatrix}-\begin{bmatrix}11\\-7\end{bmatrix}=0$$

解得

$$\begin{bmatrix}\hat{x}_1\\\hat{x}_2\end{bmatrix}=\begin{bmatrix}5&-1\\-1&2\end{bmatrix}^{-1}\begin{bmatrix}11\\-7\end{bmatrix}=\frac{1}{9}\begin{bmatrix}2&1\\1&5\end{bmatrix}\begin{bmatrix}11\\-7\end{bmatrix}=\begin{bmatrix}1.7\\-2.7\end{bmatrix}(\text{mm})$$

（4）解算法方程，求出参数 $\hat{\boldsymbol{x}}$，计算参数的平差值 $\hat{\boldsymbol{X}}=\boldsymbol{X}^0+\hat{\boldsymbol{x}}$。

$$\begin{bmatrix}\hat{X}_1\\\hat{X}_2\end{bmatrix}=\begin{bmatrix}X_1^0\\X_2^0\end{bmatrix}+\begin{bmatrix}\hat{x}_1\\\hat{x}_2\end{bmatrix}=\begin{bmatrix}12.003\\12.511\end{bmatrix}(\text{m})+\begin{bmatrix}1.7\\-2.7\end{bmatrix}(\text{mm})=\begin{bmatrix}12.0047\\12.5083\end{bmatrix}(\text{m})$$

（5）由误差方程计算 $\boldsymbol{V}$，求出观测量平差值 $\hat{\boldsymbol{h}}=\boldsymbol{h}+\boldsymbol{V}$。

$$\begin{bmatrix}\hat{h}_1\\\hat{h}_2\\\hat{h}_3\\\hat{h}_4\end{bmatrix}=\begin{bmatrix}h_1\\h_2\\h_3\\h_4\end{bmatrix}+\begin{bmatrix}v_1\\v_2\\v_3\\v_4\end{bmatrix}=\begin{bmatrix}1.003\\0.501\\0.503\\0.505\end{bmatrix}(\text{m})+\begin{bmatrix}1.7\\2.7\\-2.7\\-0.3\end{bmatrix}(\text{mm})=\begin{bmatrix}1.0047\\0.5037\\0.5003\\0.5047\end{bmatrix}(\text{m})$$

4.1.4 间接平差精度评定

1. 单位权中误差

间接平差与条件平差虽采用了不同的函数模型，但它们是在相同的最小二乘原理下进行的，所以两法的平差结果总是相等的，这是因为在满足 $\boldsymbol{V}^T\boldsymbol{PV}=\min$ 条件下的 $\boldsymbol{V}$ 是唯一确定的，故平差值 $\hat{\boldsymbol{L}}=\boldsymbol{L}+\boldsymbol{V}$ 不因方法不同而异。

单位权方差 σ_0^2 的估值 $\hat{\sigma}_0^2$，计算式仍然是 $\boldsymbol{V}^T\boldsymbol{PV}$ 除以其自由度，即

$$\hat{\sigma}_0^2=\frac{\boldsymbol{V}^T\boldsymbol{PV}}{r}=\frac{\boldsymbol{V}^T\boldsymbol{PV}}{n-t} \tag{4-20}$$

中误差为

$$\hat{\sigma}_0 = \sqrt{\frac{\boldsymbol{V}^{\mathrm{T}}\boldsymbol{PV}}{n-t}} \tag{4-21}$$

计算 $\boldsymbol{V}^{\mathrm{T}}\boldsymbol{PV}$ 可以将误差方程代入后计算，即 $\boldsymbol{V}^{\mathrm{T}}\boldsymbol{PV}=(\boldsymbol{B}\hat{\boldsymbol{x}}-\boldsymbol{l})^{\mathrm{T}}\boldsymbol{PV}=\hat{\boldsymbol{x}}^{\mathrm{T}}\boldsymbol{B}^{\mathrm{T}}\boldsymbol{PV}-\boldsymbol{l}^{\mathrm{T}}\boldsymbol{PV}$，顾及 $\boldsymbol{B}^{\mathrm{T}}\boldsymbol{PV}=0$，得 $\boldsymbol{V}^{\mathrm{T}}\boldsymbol{PV}=-\boldsymbol{l}^{\mathrm{T}}\boldsymbol{P}(\boldsymbol{B}\hat{\boldsymbol{x}}-\boldsymbol{l})=\boldsymbol{l}^{\mathrm{T}}\boldsymbol{Pl}-\boldsymbol{l}^{\mathrm{T}}\boldsymbol{PB}\hat{\boldsymbol{x}}$，考虑到 $\boldsymbol{l}^{\mathrm{T}}\boldsymbol{PB}=(\boldsymbol{B}^{\mathrm{T}}\boldsymbol{Pl})^{\mathrm{T}}$ 得

$$\boldsymbol{V}^{\mathrm{T}}\boldsymbol{PV}=\boldsymbol{l}^{\mathrm{T}}\boldsymbol{Pl}-(\boldsymbol{B}^{\mathrm{T}}\boldsymbol{Pl})^{\mathrm{T}}\hat{\boldsymbol{x}}=\boldsymbol{l}^{\mathrm{T}}\boldsymbol{PL}-\boldsymbol{W}^{\mathrm{T}}\hat{\boldsymbol{x}} \tag{4-22}$$

2. 参数的中误差

在间接平差中，基本向量为 $\boldsymbol{L}(l)$，$\hat{\boldsymbol{X}}(\hat{\boldsymbol{x}})$，$\boldsymbol{V}$ 和 $\hat{\boldsymbol{L}}$。已知 $\boldsymbol{Q}_{LL}=\boldsymbol{Q}$，根据前面的定义和有关说明知，$\hat{\boldsymbol{X}}=\boldsymbol{X}^0+\hat{\boldsymbol{x}}$，故 $\boldsymbol{Q}_{\hat{X}\hat{X}}=\boldsymbol{Q}_{\hat{x}\hat{x}}$，$\boldsymbol{Q}_{ll}=\boldsymbol{Q}_{LL}$。

下面推求各基本向量的自协因数阵和两两向量间的互协因数阵。

设 $\boldsymbol{Z}^{\mathrm{T}}=(\boldsymbol{L}^{\mathrm{T}} \quad \hat{\boldsymbol{X}}^{\mathrm{T}} \quad \boldsymbol{V}^{\mathrm{T}} \quad \hat{\boldsymbol{L}}^{\mathrm{T}})$，则 $\boldsymbol{Z}$ 的协因数阵为

$$\boldsymbol{Q}_{ZZ}=\begin{bmatrix} \boldsymbol{Q}_{LL} & \boldsymbol{Q}_{L\hat{X}} & \boldsymbol{Q}_{LV} & \boldsymbol{Q}_{L\hat{L}} \\ \boldsymbol{Q}_{\hat{X}L} & \boldsymbol{Q}_{\hat{X}\hat{X}} & \boldsymbol{Q}_{\hat{X}V} & \boldsymbol{Q}_{\hat{X}\hat{L}} \\ \boldsymbol{Q}_{VL} & \boldsymbol{Q}_{V\hat{X}} & \boldsymbol{Q}_{VV} & \boldsymbol{Q}_{V\hat{L}} \\ \boldsymbol{Q}_{\hat{L}L} & \boldsymbol{Q}_{\hat{L}\hat{X}} & \boldsymbol{Q}_{\hat{L}V} & \boldsymbol{Q}_{\hat{L}\hat{L}} \end{bmatrix}$$

式中对角线上子矩阵，就是各基本向量的自协因数阵，非对角线上子矩阵为两两向量间的互协因数阵。

现分别推求如下。其基本思想是把各量表达成协因数已知量的函数，上述各量的关系式已知为

$$\boldsymbol{L}=\boldsymbol{l}+\boldsymbol{L}^0 \tag{4-23}$$

$$\hat{\boldsymbol{x}}=\boldsymbol{N}_{bb}^{-1}\boldsymbol{B}^{\mathrm{T}}\boldsymbol{pl} \tag{4-24}$$

$$\boldsymbol{V}=\boldsymbol{B}\hat{\boldsymbol{x}}-\boldsymbol{l} \tag{4-25}$$

$$\hat{\boldsymbol{L}}=\boldsymbol{L}+\boldsymbol{V} \tag{4-26}$$

由前三个式子，按协因数传播定律容易得出

$$\begin{aligned} \boldsymbol{Q}_{LL}&=\boldsymbol{Q} \\ \boldsymbol{Q}_{\hat{X}\hat{X}}&=\boldsymbol{N}_{bb}^{-1}\boldsymbol{B}^{\mathrm{T}}\boldsymbol{PQPBN}_{bb}^{-1}=\boldsymbol{N}_{bb}^{-1} \\ \boldsymbol{Q}_{\hat{X}L}&=\boldsymbol{N}_{bb}^{-1}\boldsymbol{B}^{\mathrm{T}}\boldsymbol{PQ}=\boldsymbol{N}_{bb}^{-1}\boldsymbol{B}^{\mathrm{T}}=\boldsymbol{Q}_{L\hat{X}}^{\mathrm{T}} \\ \boldsymbol{Q}_{VL}&=\boldsymbol{BQ}_{\hat{X}L}-\boldsymbol{Q}=\boldsymbol{BN}_{bb}^{-1}\boldsymbol{B}^{\mathrm{T}}-\boldsymbol{Q}=\boldsymbol{Q}_{LV}^{\mathrm{T}} \\ \boldsymbol{Q}_{V\hat{X}}&=\boldsymbol{BQ}_{\hat{X}\hat{X}}-\boldsymbol{Q}_{L\hat{X}}=\boldsymbol{BN}_{bb}^{-1}-\boldsymbol{BN}_{bb}^{-1}=0=\boldsymbol{Q}_{\hat{X}V}^{\mathrm{T}} \\ \boldsymbol{Q}_{VV}&=\boldsymbol{BQ}_{\hat{X}\hat{X}}\boldsymbol{B}^{\mathrm{T}}-\boldsymbol{BQ}_{\hat{X}L}-\boldsymbol{Q}_{L\hat{X}}\boldsymbol{B}^{\mathrm{T}}+\boldsymbol{Q} \\ &=\boldsymbol{BN}_{bb}^{-1}\boldsymbol{B}^{\mathrm{T}}-\boldsymbol{BN}_{bb}^{-1}\boldsymbol{B}^{\mathrm{T}}-\boldsymbol{BN}_{bb}^{-1}\boldsymbol{B}^{\mathrm{T}}+\boldsymbol{Q} \\ &=\boldsymbol{Q}-\boldsymbol{BN}_{bb}^{-1}\boldsymbol{B}^{\mathrm{T}} \end{aligned}$$

再计算与式（4-26）有关的协因数阵，得

$$\begin{aligned} \boldsymbol{Q}_{\hat{L}L}&=\boldsymbol{Q}+\boldsymbol{Q}_{VL}=\boldsymbol{BN}_{bb}^{-1}\boldsymbol{B}^{\mathrm{T}}=\boldsymbol{Q}_{L\hat{L}}^{\mathrm{T}} \\ \boldsymbol{Q}_{\hat{L}\hat{X}}&=\boldsymbol{Q}(\boldsymbol{N}_{bb}^{-1}\boldsymbol{B}^{\mathrm{T}}\boldsymbol{P})^{\mathrm{T}}+\boldsymbol{Q}_{V\hat{X}}=\boldsymbol{QPBN}_{bb}^{-1}+0=\boldsymbol{BN}_{bb}^{-1}=\boldsymbol{Q}_{\hat{X}\hat{L}}^{\mathrm{T}} \\ \boldsymbol{Q}_{\hat{L}V}&=\boldsymbol{Q}_{LV}+\boldsymbol{Q}_{VV}=0=\boldsymbol{Q}_{V\hat{L}}^{\mathrm{T}} \\ \boldsymbol{Q}_{\hat{L}\hat{L}}&=\boldsymbol{Q}+\boldsymbol{Q}_{LV}+\boldsymbol{Q}_{VL}+\boldsymbol{Q}_{VV}=\boldsymbol{BN}_{bb}^{-1}\boldsymbol{B}^{\mathrm{T}} \end{aligned}$$

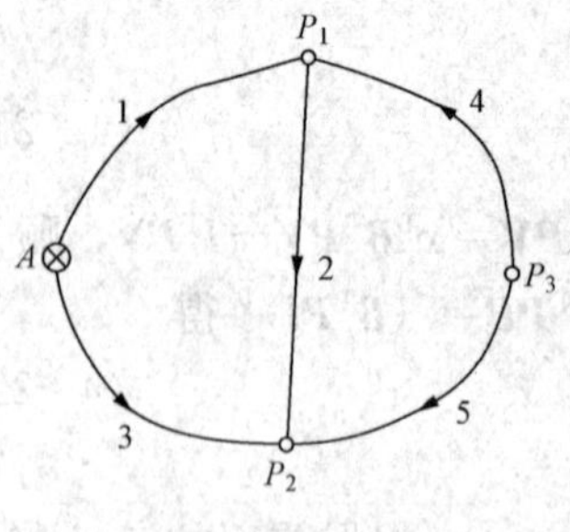

图 4-2

3. 参数函数的中误差

在间接平差中，解算法方程后首先求得的是 t 个参数。有了这些参数，便可根据它们来计算该平差问题中任一量的平差值（最或然值）。如在图 4-2 所示的水准网中，已知 A 点的高程为 H_A。若平差时选定 AP_1、AP_2、P_3P_1 等三条路线高差的平差值作为参数 $\hat{X}_1$、$\hat{X}_2$、$\hat{X}_3$，则在平差后，不但求得了参数，即 AP_1、AP_2 及 P_3P_1 等三条路线高差的平差值，而且可以根据它们求出其他各观测高差或待定点高程的平差值。例如，P_3P_2 路线高差的平差值为

$$\hat{L}_5 = -\hat{X}_1 + \hat{X}_2 + \hat{X}_3$$

P_3 点的高程平差值为

$$H_{P_3} = H_A + \hat{X}_1 - \hat{X}_3$$

又如在图 4-3 中，求得 D 点坐标平差值 $\hat{X}_D$ 和 $\hat{Y}_D$ 后，即可计算任何一边的边长或坐标方位角的平差值。如 AD 间边长平差值为

$$\hat{S}_{AD} = \sqrt{(\hat{X}_D - \hat{X}_A)^2 + (\hat{Y}_D - \hat{Y}_A)^2};$$

坐标方位角的平差值为

$$\hat{\alpha}_{AD} = \arctan \frac{\hat{Y}_D - \hat{Y}_A}{\hat{X}_D - \hat{X}_A}$$

通过以上举例可知，在间接平差中，任何一个量的平差值都可以由平差所选参数求得，或者说都可以表达为参数的函数。下面从一般情况来讨论如何求参数函数的中误差的问题。

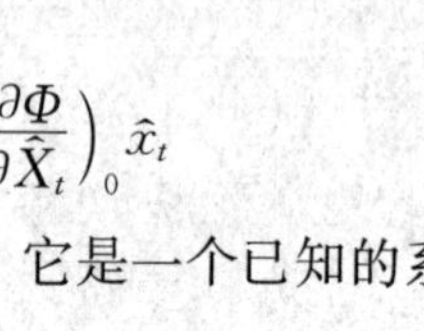

图 4-3

假定间接平差问题中有 t 个参数，设参数的函数为

$$\hat{\varphi} = \Phi(\hat{X}_1, \hat{X}_2, \cdots, \hat{X}_t) \tag{4-27}$$

将 $\hat{X}_j = X_j^0 + \hat{x}_j$（$j=1, 2, \cdots, t$）代入上式后，按台劳公式展开，取至一次项，得

$$\hat{\varphi} = \Phi(X_1^0, X_2^0, \cdots, X_t^0) + \left(\frac{\partial \Phi}{\partial \hat{X}_1}\right)_0 \hat{x}_1 + \left(\frac{\partial \Phi}{\partial \hat{X}_2}\right)_0 \hat{x}_2 + \cdots + \left(\frac{\partial \Phi}{\partial \hat{X}_t}\right)_0 \hat{x}_t$$

式中，$\Phi(X_1^0, X_2^0, \cdots, X_t^0)$ 是参数函数的近似值，当近似值一经取定，它是一个已知的系数，令 $f_j = \left(\frac{\partial \Phi}{\partial \hat{X}_j}\right)_0$。

由此，上式可以写成

$$\hat{\varphi} = f_0 + f_1 \hat{x}_1 + f_2 \hat{x}_2 + \cdots + f_1 \hat{x}_t \tag{4-28}$$

或

$$\delta\hat{\varphi} = f_1 \hat{x}_1 + f_2 \hat{x}_2 + \cdots + f_1 \hat{x}_t \tag{4-29}$$

对于评定函数 $\hat{\varphi}$ 的精度而言，给出 $\hat{\varphi}$ 或 $\delta\hat{\varphi}$ 是一样的。通常把式（4-29）称为参数函数的权函数式，简称权函数式。

令 $F^T = [f_1 f_2 \cdots f_t]$，则式（4-29）为

$$\delta\hat{\varphi} = F^T \hat{x} \tag{4-30}$$

由表 4-9 查得 $Q_{\hat{X}\hat{X}} = N_{bb}^{-1}$，故函数 $\hat{\varphi}$ 的协因数为

$$Q_{\hat{\varphi}\hat{\varphi}} = F^{T}Q_{\hat{X}\hat{X}}F = F^{T}N_{bb}^{-1}F \tag{4-31}$$

一般，设有函数向量$\underset{m,1}{\hat{\varphi}}$的权函数式为

$$\delta \underset{m,1}{\hat{\boldsymbol{\varphi}}} = \underset{m,t}{F^{T}} \underset{t,1}{\hat{x}} \tag{4-32}$$

即用来计算 m 个函数的精度，其协因数阵为

$$\underset{m,m}{Q_{\hat{\varphi}\hat{\varphi}}} F^{T}Q_{\hat{X}\hat{X}}F = F^{T}N_{bb}^{-1}F \tag{4-33}$$

$Q_{\hat{X}\hat{X}}$是参数向量$\hat{X}=[\hat{X}_1 \hat{X}_2 \cdots \hat{X}_t]$的协因数阵，即

$$Q_{\hat{X}\hat{X}} = \begin{bmatrix} Q_{\hat{X}_1\hat{X}_1} & Q_{\hat{X}_1\hat{X}_2} & \cdots & Q_{\hat{X}_1\hat{X}_t} \\ Q_{\hat{X}_2\hat{X}_1} & Q_{\hat{X}_2\hat{X}_2} & \cdots & Q_{\hat{X}_2\hat{X}_t} \\ \cdots & \cdots & \cdots & \cdots \\ Q_{\hat{X}_t\hat{X}_1} & Q_{\hat{X}_t\hat{X}_2} & \cdots & Q_{\hat{X}_t\hat{X}_t} \end{bmatrix}$$

其中对角线元素$Q_{\hat{X}_j\hat{X}_j}$是参数$\hat{X}_j$的协因数，故$\hat{X}_j$的中误差为

$$\sigma_{\hat{X}_j} = \sigma_0 \sqrt{Q_{\hat{X}_j\hat{X}_j}} \tag{4-34}$$

式（4-32）的函数$\hat{\varphi}$的协方差阵为

$$\underset{m,m}{D_{\hat{\varphi}\hat{\varphi}}} = \sigma_0^2 Q_{\hat{\varphi}\hat{\varphi}} = \sigma_0^2(F^{T}N_{bb}^{-1}F) \tag{4-35}$$

【例4-2】 在图4-4中，A、B为已知水准点，高程为H_A、H_B，设为无误差，各观测的路线长度分别为

$$S_1 = 4\text{km}, S_2 = 2\text{km}, S_3 = 2\text{km}, S_4 = 4\text{km}$$

试求P_1和P_2点平差高程的协因数。

解　平差的参数选取P_1和P_2点高程，设为$\hat{X}_1$和$\hat{X}_2$，按图组成误差方程为

$$v_1 = \hat{x}_1 \quad -l_1 \qquad P_1 = \frac{4}{4} = 1$$

$$v_2 = -\hat{x}_1 + \hat{x}_2 - l_2 \qquad P_2 = \frac{4}{2} = 2$$

$$v_3 = -\hat{x}_1 + \hat{x}_2 - l_3 \qquad P_3 = \frac{4}{2} = 2$$

$$v_4 = -\hat{x}_2 - l_4 \qquad P_2 = \frac{4}{4} = 1$$

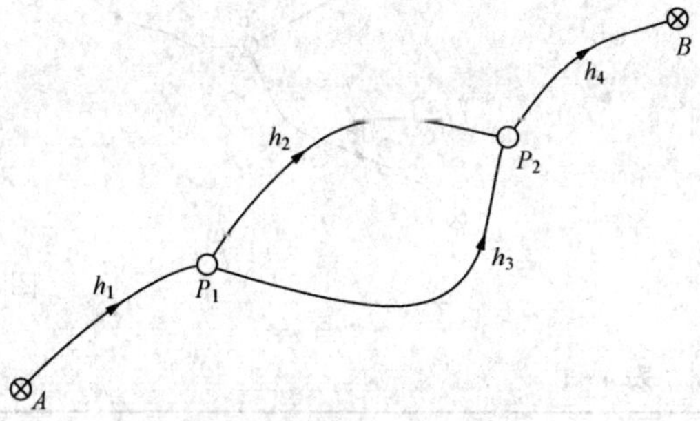

图4-4

定权时令$C=4$，即以4km观测高差为单位权观测值，因观测值相互独立，故$P_i=1/Q_{ii}$，相关协因数$Q_{ij}=0$（$i\neq j$），由此得法方程为

$$5\hat{x}_1 - 4\hat{x}_2 - W_1 = 0$$
$$-4\hat{x}_1 + 5\hat{x}_2 - W_2 = 0$$

因为$Q_{\hat{X}\hat{X}}=N_{bb}^{-1}$，故有

$$Q_{\hat{X}\hat{X}} = \begin{bmatrix} 5 & -4 \\ -4 & 5 \end{bmatrix}^{-1} = \begin{bmatrix} 0.56 & 0.44 \\ 0.44 & 0.56 \end{bmatrix}$$

平差后P_1、P_2点高程的协因数分别为

$$Q_{\hat{X}_1\hat{X}_1} = 0.56, \quad Q_{\hat{X}_2\hat{X}_2} = 0.56$$

$\hat{X}_1$与$\hat{X}_2$的协因数则为

$$Q_{\hat{X}_1\hat{X}_2} = 0.44$$

4.2 水准网间接平差

1. 水准网误差方程的列立

水准网平差的主要目的是确定网中未知点的最或然高程。如果网中有高程已知的水准点，则 t 就等于待定点的个数；若无已知点，则等于全部点数减一，因为这一点的高程可以任意给定，以作为全网高程的基准，这并不影响网点高程之间的相对关系。实际水准网间接平差，一般就选取 t 个待定点的高程作为未知参数，它们之间总是函数独立的，计算待定点的平差值，然后进行精度评定。

按间接平差法水准网计算的步骤如下：

（1）根据具体平差问题，确定必要观测数 t。

（2）选取 t 个待定点的高程作为未知参数，确定参数的近似值。

（3）列立平差值方程、误差方程。

2. 水准网间接平差算例

【例 4-3】 水准网如图 4-5 所示，其中 A、B、C 和 D 为已知点，E、F 和 G 是未知点，观测结果列于表 4-1 中。求未知点 E、F 和 G 高程的最或然值，并计算其精度，及高差 h_{EF} 的中误差。

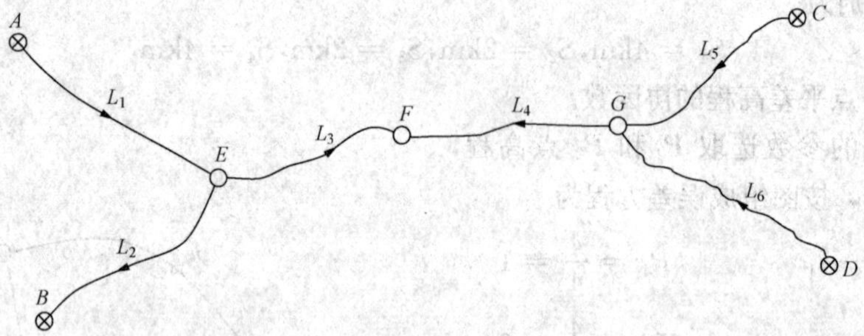

图 4-5

表 4-1

	编　号	水准路线长度/km	观测高差/m
H_A=35.418m H_B=45.712m H_C=25.270m H_D=24.678m	1	4	8.228
	2	4	2.060
	3	2	1.515
	4	4	7.477
	5	2	12.417
	6	2	13.000

解　（1）根据题意可知，观测值数 $n=6$，必要观测数 $t=3$，选取待定高程点 E、F、G

的高程为未知量，即

$$\widetilde{X}_1 = H_E, \widetilde{X}_2 = H_F, \widetilde{X}_3 = H_G$$

取未知参数的近似值为：

$$X_1^0 = H_A + L_1 = 43.646\text{m}, X_2^0 = H_A + L_1 + L_3 = 45.161\text{m}, X_3^0 = H_C + L_5 = 37.687\text{m}$$

（2）根据图形列立平差值方程式，计算确定误差方程

$$L_1 + V_1 = \hat{X}_1 - H_A$$
$$L_2 + V_2 = -\hat{X}_1 + H_B$$
$$L_3 + V_3 = -\hat{X}_1 + \hat{X}_2$$
$$L_4 + V_4 = \hat{X}_2 - \hat{X}_3$$
$$L_5 + V_5 = \hat{X}_3 - H_C$$
$$L_5 + V_3 = \hat{X}_3 - H_D$$

再令

$$\hat{X}_1 = H_A + L_1 + \hat{x}_1$$
$$\hat{X}_2 = H_A + L_1 + L_3 + \hat{x}_2$$
$$\hat{X}_3 = H_C + L_5 + \hat{x}_3$$

这样，可得

$$\begin{pmatrix} V_1 \\ V_2 \\ V_3 \\ V_4 \\ V_5 \\ V_6 \end{pmatrix} = \begin{pmatrix} 1 & 0 & 0 \\ -1 & 0 & 0 \\ -1 & 1 & 0 \\ 0 & 1 & -1 \\ 0 & 0 & 1 \\ 0 & 0 & 1 \end{pmatrix} \begin{pmatrix} \hat{x}_1 \\ \hat{x}_2 \\ \hat{x}_3 \end{pmatrix} - \begin{pmatrix} 0 \\ -6 \\ 0 \\ 3 \\ 0 \\ -9 \end{pmatrix} (\text{mm})$$

（3）水准测量定权

根据权的定义式，取4km观测为单位权观测，$p_i = \frac{S_0}{S_i} = \frac{4\text{km}}{S_i}$，则

$$\boldsymbol{P} = \begin{pmatrix} 1 & & & & & \\ & 1 & & & & \\ & & 2 & & & \\ & & & 1 & & \\ & & & & 2 & \\ & & & & & 2 \end{pmatrix}$$

（4）组成法方程

$$\boldsymbol{N}_{bb} = \boldsymbol{B}^{\mathrm{T}}\boldsymbol{P}\boldsymbol{B} = \begin{pmatrix} 4 & -2 & 0 \\ -2 & 3 & -1 \\ 0 & -1 & 5 \end{pmatrix}, \boldsymbol{W} = \boldsymbol{B}^{\mathrm{T}}\boldsymbol{P}\boldsymbol{l} = \begin{pmatrix} 6 \\ 3 \\ 21 \end{pmatrix} (\text{mm})$$

$$\boldsymbol{N}_{bb}^{-1} = \frac{1}{36} \begin{pmatrix} 14 & 10 & 2 \\ 10 & 20 & 2 \\ 2 & 4 & 8 \end{pmatrix}$$

其中可得出：

（5）解算法方程可得

$$\hat{\boldsymbol{x}} = \boldsymbol{N}_{bb}^{-1}\boldsymbol{W} = \begin{pmatrix} 2 \\ 1 \\ -4 \end{pmatrix}(\text{mm})$$

（6）计算待定点的高程最或然值

$$\hat{\boldsymbol{X}} = \boldsymbol{X}^0 + \hat{\boldsymbol{x}} = \begin{pmatrix} 43.648 \\ 45.162 \\ 37.683 \end{pmatrix}(\text{m})$$

（7）计算 E、F 和 G 点高程的最或然值中误差

计算单位权中误差：

$$\boldsymbol{V} = \boldsymbol{B}\hat{\boldsymbol{x}} - \boldsymbol{l} = \begin{pmatrix} 2 \\ 4 \\ -1 \\ 2 \\ -4 \\ 5 \end{pmatrix}, \boldsymbol{V}^{\mathrm{T}}\boldsymbol{P}\boldsymbol{V} = \sum p_i V_i^2 = 108$$

$$\hat{\sigma}_0 = \pm\sqrt{\frac{\boldsymbol{V}^{\mathrm{T}}\boldsymbol{P}\boldsymbol{V}}{n-t}} = \pm 6.0\text{mm}$$

则点 E、F 和 G 高程的最或然值中误差为

$$\hat{\sigma}_{H_E} = \hat{\sigma}_{X_1} = \hat{\sigma}_0\sqrt{\frac{1}{p_{X_1}}} = \pm 6.0 \times \sqrt{\frac{14}{36}} = \pm 3.7\text{mm}$$

$$\hat{\sigma}_{H_F} = \hat{\sigma}_{X_2} = \hat{\sigma}_0\sqrt{\frac{1}{p_{X_2}}} = \pm 6.0 \times \sqrt{\frac{20}{36}} = \pm 4.5\text{mm}$$

$$\hat{\sigma}_{H_G} = \hat{\sigma}_{X_3} = \hat{\sigma}_0\sqrt{\frac{1}{p_{X_3}}} = \pm 6.0 \times \sqrt{\frac{8}{36}} = \pm 2.8\text{mm}$$

（8）计算高差 h_{EF} 的中误差

因为 $h_{\mathrm{EF}} = -\hat{X}_1 + \hat{X}_2 = (-1 \quad 1 \quad 0)\hat{\boldsymbol{X}} = \boldsymbol{F}\hat{\boldsymbol{X}}$，则

$$\frac{1}{p_{h\mathrm{EF}}} = \boldsymbol{F}\boldsymbol{Q}_{\hat{X}\hat{X}}\boldsymbol{F}^{\mathrm{T}} = (-1 \quad 1 \quad 0)\frac{1}{36}\begin{pmatrix} 14 & 10 & 2 \\ 10 & 20 & 2 \\ 2 & 4 & 8 \end{pmatrix}\begin{pmatrix} -1 \\ 1 \\ 0 \end{pmatrix} = \frac{7}{18}$$

$$\hat{\sigma}_{h\mathrm{EF}} = \hat{\sigma}_0\sqrt{\frac{1}{p_{h\mathrm{EF}}}} = \pm 6.0 \times \sqrt{\frac{7}{18}} = \pm 3.7\text{mm}$$

4.3 导线网间接平差

1. 角度观测值误差方程

在图 4-6 中，j、k 是两个待定点，它们的近似坐标为 X_j^0、Y_j^0、X_k^0、Y_k^0。根据这些近似坐标可以计算 j、k 两点间的近似坐标方位角 α_{jk}^0 和近似边长 S_{jk}^0。设这两点的近似坐标改正数 $\hat{x}_j$、$\hat{y}_j$、$\hat{x}_k$、$\hat{y}_k$，即

$$\hat{X}_j = X_j^0 + \hat{x}_j, \hat{Y}_j = Y_j^0 + \hat{y}_j$$
$$\hat{X}_k = X_k^0 + \hat{x}_k, \hat{Y}_k = Y_k^0 + \hat{y}_k$$

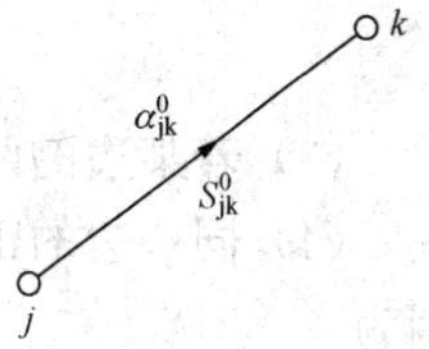

图 4-6

由近似坐标改正数引起的近似坐标方位角的改正数为 $\delta\alpha_{jk}$，即

$$\hat{\alpha}_{jk} = \alpha_{jk}^0 + \delta\alpha_{jk} \tag{4-36}$$

现求坐标改正数 $\hat{x}_j$、$\hat{y}_j$、$\hat{x}_k$、$\hat{y}_k$ 与坐标方位角改正数 $\delta\alpha_{jk}$ 之间的线性关系。

根据图 4-6 可以写出

$$\hat{\alpha}_{jk} = \arctan\frac{(Y_k^0 - \hat{y}_k) - (Y_j^0 - \hat{y}_j)}{(X_k^0 + \hat{x}_k) - (X_j^0 + \hat{x}_j)}$$

将上式右端按台劳公式展开，得

$$\hat{\alpha}_{jk} = \arctan\frac{Y_k^0 - Y_j^0}{X_k^0 - X_j^0} + \left(\frac{\partial \hat{\alpha}_{jk}}{\partial \hat{X}_j}\right)_0 \hat{x}_j + \left(\frac{\partial \hat{\alpha}_{jk}}{\partial \hat{Y}_j}\right)_0 \hat{y}_j + \left(\frac{\partial \hat{\alpha}_{jk}}{\partial \hat{X}_k}\right)_0 \hat{x}_k + \left(\frac{\partial \hat{\alpha}_{jk}}{\partial \hat{Y}_k}\right)_0 \hat{y}_k$$

等式中右边第一项就是由近似坐标算得的近似坐标方位角 α_{jk}^0，因此

$$\delta\alpha_{jk} = \left(\frac{\partial \hat{\alpha}_{jk}}{\partial \hat{X}_j}\right)_0 \hat{x}_j + \left(\frac{\partial \hat{\alpha}_{jk}}{\partial \hat{Y}_j}\right)_0 \hat{y}_j + \left(\frac{\partial \hat{\alpha}_{jk}}{\partial \hat{X}_k}\right)_0 \hat{x}_k + \left(\frac{\partial \hat{\alpha}_{jk}}{\partial \hat{Y}_k}\right)_0 \hat{y}_k \tag{4-37}$$

式中

$$\left(\frac{\partial \hat{\alpha}_{jk}}{\partial \hat{X}_j}\right)_0 = \frac{\dfrac{Y_k^0 - Y_j^0}{(X_k^0 - X_j^0)^2}}{1 + \left(\dfrac{Y_k^0 - Y_j^0}{X_k^0 - X_j^0}\right)^2} = \frac{Y_k^0 - Y_j^0}{(X_k^0 - X_j^0)^2 + (Y_k^0 - Y_j^0)^2} = \frac{\Delta Y_{jk}^0}{(S_{jk}^0)^2}$$

同理可得

$$\left(\frac{\partial \hat{\alpha}_{jk}}{\partial \hat{Y}_j}\right)_0 = -\frac{\Delta X_{jk}^0}{(S_{jk}^0)^2}$$
$$\left(\frac{\partial \hat{\alpha}_{jk}}{\partial \hat{X}_k}\right)_0 = -\frac{\Delta Y_{jk}^0}{(S_{jk}^0)^2}$$
$$\left(\frac{\partial \hat{\alpha}_{jk}}{\partial \hat{Y}_k}\right)_0 = \frac{\Delta X_{jk}^0}{(S_{jk}^0)^2}$$

将上列结果代入式（4-37)，并顾及全式的单位得

$$\delta\alpha''_{jk} = \frac{\rho''\Delta Y_{jk}^0}{(S_{jk}^0)^2}\hat{x}_j - \frac{\rho''\Delta X_{jk}^0}{(S_{jk}^0)^2}\hat{y}_j - \frac{\rho''\Delta Y_{jk}^0}{(S_{jk}^0)^2}\hat{x}_k + \frac{\rho''\Delta X_{jk}^0}{(S_{jk}^0)^2}\hat{y}_k \tag{4-38}$$

或写成

$$\delta\alpha''_{jk} = \frac{\rho''\sin\alpha_{jk}^0}{(S_{jk}^0)^2}\hat{x}_j - \frac{\rho''\cos\alpha_{jk}^0}{(S_{jk}^0)^2}\hat{y}_j - \frac{\rho''\sin\alpha_{jk}^0}{(S_{jk}^0)^2}\hat{x}_k + \frac{\rho''\cos\alpha_{jk}^0}{(S_{jk}^0)^2}\hat{y}_k \tag{4-39}$$

上式就是坐标改正数与坐标方位角改正数间的一般关系式，称为坐标方位角改正数方程。其中 $\delta\alpha$ 以秒为单位。平差计算时，可按不同的情况灵活应用上式。例如：

（1）若某边的两端均为待定点，则坐标改正数与坐标方位角改正数间的关系式就是式（4-39)。此时，$\hat{x}_j$ 与 $\hat{x}_k$ 前的系数的绝对值相等；$\hat{y}_j$ 与 $\hat{y}_k$ 前的系数的绝对值也相等。

（2）若测站点 j 为已知点，则 $\hat{x}_j = \hat{y}_j = 0$，得

$$\delta\alpha''_{jk} = -\frac{\rho''\sin\alpha_{jk}^0}{(S_{jk}^0)^2}\hat{x}_k + \frac{\rho''\cos\alpha_{jk}^0}{(S_{jk}^0)^2}\hat{y}_k \tag{4-40}$$

若照准点 k 为已知点，则 $\hat{x}_k = \hat{y}_k = 0$，得

$$\delta\alpha''_{jk} = \frac{\rho''\sin\alpha_{jk}^0}{(S_{jk}^0)^2}\hat{x}_j - \frac{\rho''\cos\alpha_{jk}^0}{(S_{jk}^0)^2}\hat{y}_j \tag{4-41}$$

（3）若某边的两个端点均为已知点，则 $\hat{x}_j=\hat{y}_j=\hat{x}_k=\hat{y}_k=0$，得 $\delta\alpha''_{jk}=0$。

（4）同一边的正反坐标方位角的改正数相等，它们与坐标改正数的关系式也一样，这是因为

$$\delta\alpha''_{jk}=\frac{\rho''\Delta Y_{jk}^0}{(S_{jk}^0)^2}\hat{x}_k-\frac{\rho''\Delta X_{jk}^0}{(S_{jk}^0)^2}\hat{y}_k-\frac{\rho''\Delta Y_{jk}^0}{(S_{jk}^0)^2}\hat{x}_j+\frac{\rho''\Delta X_{jk}^0}{(S_{jk}^0)^2}\hat{y}_j$$

对照式（4-39），顾及 $\Delta Y_{jk}^0=-\Delta Y_{kj}^0$，$\Delta X_{jk}^0=-\Delta X_{kj}^0$，得 $\delta\alpha''_{jk}=\delta\alpha''_{kj}$。据此，实际计算时，只要对每条待定边计算一个坐标方位角改正数方程即可。

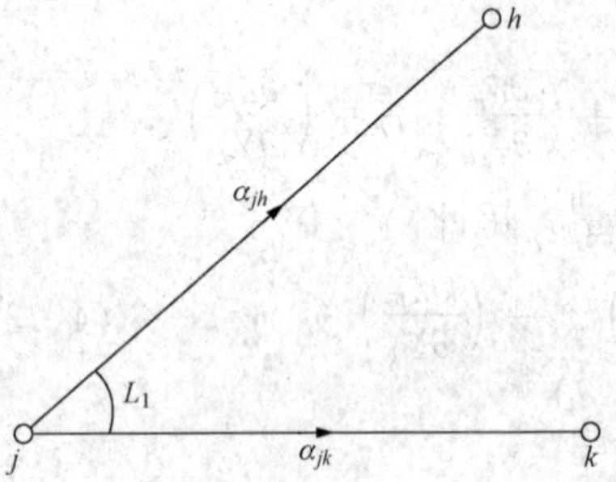

图4-7

对于角度观测值 L_i（图4-7）来说，其观测方程为

$$L_i+v_i=\hat{\alpha}_{jk}-\hat{\alpha}_{jh} \tag{4-42}$$

将 $\hat{\alpha}=\alpha^0+\delta\alpha$ 代入，并令

$$l_i=L_i-(\alpha_{jk}^0-\alpha_{jh}^0)=L_i-L_i^0 \tag{4-43}$$

可得

$$v_i=\delta\alpha_{jk}-\delta\alpha_{jh}-l_i \tag{4-44}$$

然后根据这个角的三个端点 j、h、k 是已知点还是未知点而灵活运用式（4-38），并以此代入式（4-44），即得线性化后的误差方程。例如，j、h、k 点都是未知点时，式（4-44）为

$$\begin{aligned}v_i=&\frac{\rho''\Delta Y_{jk}^0}{(S_{jk}^0)^2}\hat{x}_j-\frac{\rho''\Delta X_{jk}^0}{(S_{jk}^0)^2}\hat{y}_j-\frac{\rho''\Delta Y_{jk}^0}{(S_{jk}^0)^2}\hat{x}_k+\frac{\rho''\Delta X_{jk}^0}{(S_{jk}^0)^2}\hat{y}_k\\&-\left\{\frac{\rho''\Delta Y_{jh}^0}{(S_{jh}^0)^2}\hat{x}_j-\frac{\rho''\Delta X_{jh}^0}{(S_{jh}^0)^2}\hat{y}_j-\frac{\rho''\Delta Y_{jh}^0}{(S_{jh}^0)^2}\hat{x}_h+\frac{\rho''\Delta X_{jh}^0}{(S_{jh}^0)^2}\hat{y}_h\right\}-l_i\end{aligned}$$

合并同类项最后可得

$$\begin{aligned}v_i=&\rho''\left(\frac{\Delta Y_{jk}^0}{(S_{jk}^0)^2}-\frac{\Delta Y_{jh}^0}{(S_{jh}^0)^2}\right)\hat{x}_j-\rho''\left(\frac{\Delta X_{jk}^0}{(S_{jk}^0)^2}-\frac{\Delta X_{jh}^0}{(S_{jh}^0)^2}\right)\hat{y}_j\\&-\rho''\frac{\Delta Y_{jk}^0}{(S_{jk}^0)^2}\hat{x}_k+\rho''\frac{\Delta X_{jk}^0}{(S_{jk}^0)^2}\hat{y}_k+\rho''\frac{\Delta Y_{jh}^0}{(S_{jh}^0)^2}\hat{x}_h-\rho''\frac{\Delta X_{jh}^0}{(S_{jh}^0)^2}\hat{y}_h-l_i\end{aligned} \tag{4-45}$$

上式即为线性化后的观测角度的误差方程式，可以当作公式使用。

综上所述，对于角度观测的三角网，采用间接平差，选择待定点的坐标为参数时，列误差方程的步骤为：

（1）计算各待定点的近似坐标 X^0，Y^0。

（2）由待定点的近似坐标和已知点的坐标计算各待定边的近似坐标方位角 α^0 和近似边长 S^0。

（3）列出各待定边的坐标方位角改正数方程，并计算其系数。

（4）按照式（4-45）、式（4-43）列出误差方程。

2. 边长观测值的误差方程

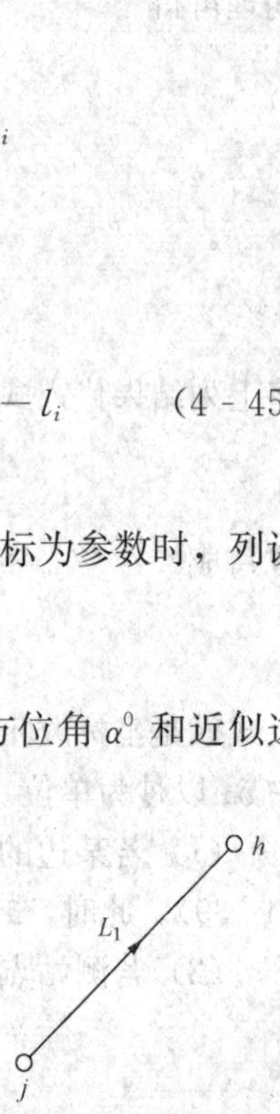

图4-8

在图4-8中，测得待定点间的边长 L_i，设待定点的坐标平差值 $\hat{X}_j$、$\hat{Y}_j$、$\hat{X}_k$ 和 $\hat{Y}_k$ 为参数，令

$$\hat{X}_j=X_j^0+\hat{x}_j,\quad \hat{Y}_j=Y_j^0+\hat{y}_j$$

$$\hat{X}_k = X_k^0 + \hat{x}_k, \hat{Y}_k = Y_k^0 + \hat{y}_k.$$

由图 4-8 可写出 $\hat{L}_i$ 的平差值方程为

$$\hat{L}_i = L_i + v_i = \sqrt{(\hat{X}_k - \hat{X}_j)^2 + (\hat{Y}_k - \hat{Y}_j)^2} \tag{4-46}$$

按台劳公式展开，得

$$L_i + v_i = S_{jk}^0 + \frac{\Delta X_{jk}^0}{S_{jk}^0}(\hat{x}_k - \hat{x}_j) + \frac{\Delta Y_{jk}^0}{S_{jk}^0}(\hat{y}_k - \hat{y}_j) \tag{4-47}$$

式中

$$\Delta X_{jk}^0 = X_k^0 - X_j^0, \Delta Y_{jk}^0 = Y_k^0 - Y_j^0, S_{jk}^0 = \sqrt{(X_k^0 - X_j^0)^2 + (Y_k^0 - Y_j^0)^2}$$

再令

$$l_i = L_i - S_{jk}^0 \tag{4-48}$$

则由式（4-47）可得测边的误差方程为

$$v_i = -\frac{\Delta X_{jk}^0}{S_{jk}^0}\hat{x}_j - \frac{\Delta Y_{jk}^0}{S_{jk}^0}\hat{y}_j + \frac{\Delta X_{jk}^0}{S_{jk}^0}\hat{x}_k + \frac{\Delta Y_{jk}^0}{S_{jk}^0}\hat{y}_k - l_i \tag{4-49}$$

式中右边前 4 项之和是由坐标改正数引起的边长改正数。

式（4-49）就是测边坐标平差误差方程式的一般形式，它是在假设两端点都是待定点的情况下导出的。具体计算时，可按不同情况灵活运用。

（1）若某边的两端点均为待定点，则式（4-49）就是该观测边的误差方程。式中，$\hat{x}_j$ 与 $\hat{x}_k$ 的系数的绝对值相等，$\hat{y}_i$ 与 $\hat{y}_k$ 的系数的绝对值也相等。常数项等于该边的观测值减其近似值。

（2）若 j 为已知点，则 $\hat{x}_j = \hat{y}_j = 0$，得

$$v_i = \frac{\Delta X_{jk}^0}{S_{jk}^0}\hat{x}_k + \frac{\Delta Y_{jk}^0}{S_{jk}^0}\hat{y}_k - l_i \tag{4-50}$$

若 k 为已知点，则 $\hat{x}_k = \hat{y}_k = 0$，得

$$v_i = -\frac{\Delta X_{jk}^0}{S_{jk}^0}\hat{x}_j - \frac{\Delta Y_{jk}^0}{S_{jk}^0}\hat{y}_j - l_i \tag{4-51}$$

若 j、k 均为已知点，则该边为固定边（不观测），故对该边不需要列误差方程。

（3）某边的误差方程，按 jk 向列立或按 kj 向列立的结果相同。

3. 导线网间接平差中权的确定

设先验单位权方差为 σ_0^2，测角中误差为 σ_{β_i}，测边中误差为 σ_{s_i}，则定权公式为

$$p_{\beta_i} = \frac{\sigma_0^2}{\sigma_{\beta_i}^2}, p_{s_i} = \frac{\sigma_0^2}{\sigma_{s_i}^2} \tag{4-52}$$

当角度为等精度观测时 $\sigma_{\beta_1} = \sigma_{\beta_2} = \cdots = \sigma_{\beta_n} = \sigma_\beta$。定权时一般令 $\sigma_0^2 = \sigma_\beta^2$，即以测角中误差为导线网平差中的单位权观测值中误差，由此即得

$$p_{\beta_i} = \frac{\sigma_\beta^2}{\sigma_\beta^2} = 1, p_{s_i} = \frac{\sigma_\beta^2}{\sigma_{s_i}^2} \tag{4-53}$$

为了确定边、角观测的权比，必须已知 σ_β^2 和 $\sigma_{s_i}^2$，一般平差前是无法精确知道的，所以采用按经验定权的方法，即 σ_β^2 和 $\sigma_{s_i}^2$ 采用厂方给定的测角、测距仪器的标称精度或者是经验数据。

4. 导线网间接平差算例

【例 4-4】 单一附合导线如图 4-9 所示，观测了 4 个角度和 3 条边长。已知数据列于表

4-2，观测值见表4-3。已知测角中误差，测边中误差，以米为单位，试按间接平差，求：

(1) 各导线点的坐标平差值及点位精度。

(2) 各观测值的平差值。

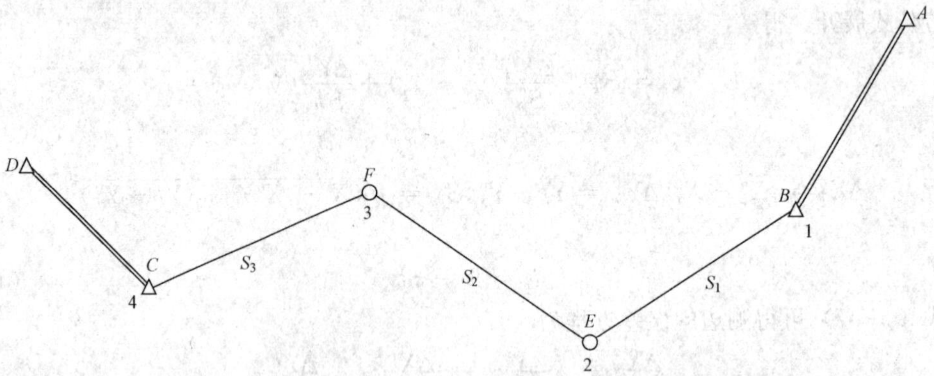

图4-9

表4-2

点　名	坐　标/m		方位角
	X	Y	
B	203 020.348	−59 049.801	$\alpha_{AB}=226°44'59''$
C	203 059.503	−59 796.549	$\alpha_{CD}=324°46'03''$

表4-3

角　号	角度观测/(° ′ ″)	角　号	角度观测/(° ′ ″)	边　号	边长观测/m	边　号	边长观测/m
1	230 32 37	3	170 39 22	1	204.952	3	345.153
2	180 00 42	4	236 48 37	2	200.130		

解　本题必要观测数 $t=2\times2=4$，选定待定点坐标平差值为未知参数，即

$$\hat{X}=[\hat{X}_E \quad \hat{Y}_E \quad \hat{X}_F \quad \hat{Y}_F]^{\mathrm{T}}$$

(1) 计算待定点近似坐标，见表4-4。

表4-4

点名（角号）β	观测角 β_i /(° ′ ″)	坐标方位角 α^0 /(° ′ ″)	观测边长 S /m	近似坐标	
				X^0/m	Y^0/m
A		226 44 59			
B(1)	230 32 37			203 202.348	−59 059.801
		277 17 36	204.952		
E(2)	180 00 42			203 046.366	−59 253.095
		277 18 18	200.130		
F(3)	170 39 22			203 071.813	−59 451.601

(2) 由近似坐标和已知点坐标计算各边坐标方位角改正数方程的系数及边长改正数方程系数，$\delta x9$ 以 mm 为单位，见表 4-5。

表 4-5

方向	坐标方位角 /(° ′ ″)	近似边长 /m	$\sin\alpha_{jk}^0$	$\cos\alpha_{jk}^0$	a_{jk} (″/mm) $\left(\frac{\rho''\sin\alpha^0}{S_{jk}^0\times1000}\right)$	b_{jk} (″/mm) $\left(-\frac{\rho''\sin\alpha^0}{S_{jk}^0\times1000}\right)$
BE	277 17 36	204.952	−0.992	0.127	−0.998	0.128
EF	277 18 18	200.130	−0.992	0.127	−1.022	−0.131
FC	267 57 22	345.167	−0.999	−0.036	−0.597	0.021

坐标方位角改正数方程

$$\delta\alpha''_{jk}=\frac{\rho''\sin\alpha_{jk}^0}{S_{jk}^0\times1000}\delta x_j-\frac{\rho''\cos\alpha_{jk}^0}{S_{jk}^0\times1000}\delta y_j-\frac{\rho''\sin\alpha_{jk}^0}{S_{jk}^0\times1000}\delta x_k+\frac{\rho''\cos\alpha_{jk}^0}{S_{jk}^0\times1000}\delta y_k$$

设 $a_{jk}=\frac{\rho''\sin\alpha^0}{S_{jk}^0\times1000}$，$b_{jk}=-\frac{\rho''\sin\alpha^0}{S_{jk}^0\times1000}$，上式表示为

$$\delta\alpha''_{jk}=a_{jk}\delta x_j-b_{jk}\delta y_j-a_{jk}\delta x_k+b_{jk}\delta y_k$$

边长改正数方程

$$\delta\hat{S}_{jk}=-\cos\alpha_{jk}^0\delta x_j-\sin\alpha_{jk}^0\delta y_j-\cos\alpha_{jk}^0\delta x_k+\sin\alpha_{jk}^0\delta y_k$$

(3) 确定角度观测值和边长观测值权。

设单位权中误差 $\sigma_0=5''$，则角度观测值的权为 $P_{\beta_i}=\frac{\sigma_0^2}{\sigma_\beta^2}=1$，各导线边的权为 $P_{S_i}=\frac{\sigma_0^2}{\sigma_{S_i}^2}=\frac{25}{0.25S_i}$ (s^2/mm^2)。各观测值的权列于表 4-6 的 P 列。

(4) 计算 4 个角度和 3 条边长观测值误差方程的系数和常数项，见表 4-6。表中每一行表示一个误差方程，各列代表不同未知数的系数，l 为常数项。P 列代表观测值的权。V、$\hat{L}$ 列为改正数和平差值，在法方程解算后，由未知数代入误差方程求得。

表 4-6

项目		δx_E	δy_E	δx_F	δy_F	l	P	v	$\hat{L}$
角 β_i	1	0.998	0.128			0″	1	−4.41	230 32 33
	2	−2.020	−1.619	1.022	0.131	0″	1	−3.79	180 00 38
	3	1.022	0.131	−1.619	−0.110	18″	1	−3.18	179 39 19
	4			0.597	−0.021	−4″	1	−2.61	236 48 34
边 S_i	1	0.127	−0.992			0	0.49	3.49	204.955
	2	−0.127	0.992	0.127	−0.992	0	0.50	3.42	200.133
	3			0.036	0.999	0	0.29	6.17	345.159
δx/mm		−3.91	−4.02	−11.37	−8.42				
$\hat{X}$/m		203 046.362		−59 253.099		203 071.802		−59 451.609	

根据图4-9以及下式列立观测值误差方程，计算误差方程的系数和常数。

角度误差方程

$$v_i = \delta\alpha_{jk} - \delta\alpha_{jh} - l_i \qquad l_i = Li - (\alpha_{jk}^0 - \alpha_{jh}^0)$$

边长误差方程

$$v_i = \delta\hat{S}_{jk} - l_i \qquad l_i = Li - S_{jk}^0$$

（5）组成法方程、解算法方程。

法方程为

$$\boldsymbol{N}_{BB}\delta\boldsymbol{x} - \boldsymbol{W} = 0$$

法方程的系数、常数项由误差方程的系数阵$\boldsymbol{B}$、常数阵$\boldsymbol{l}$及观测值的权$\boldsymbol{P}$由$\boldsymbol{N}_{BB}=\boldsymbol{B}^{\mathrm{T}}\boldsymbol{PB}$，$\boldsymbol{W}=\boldsymbol{B}^{\mathrm{T}}\boldsymbol{Pl}$求得。

$$\begin{bmatrix} 6.137 & 0.660 & -3.727 & -0.314 \\ 0.660 & 1.075 & -0.414 & -0.540 \\ -3.727 & -0.414 & 4.030 & 0.247 \\ -0.314 & -0.540 & 0.247 & 0.811 \end{bmatrix} \begin{bmatrix} \delta x_E \\ \delta y_E \\ \delta x_F \\ \delta y_F \end{bmatrix} - \begin{bmatrix} -18.397 \\ -2.358 \\ 31.687 \\ 6.242 \end{bmatrix} = 0$$

$$\boldsymbol{N}_{BB}^{-1} = \begin{bmatrix} 0.383\,06 & -0.121\,60 & 0.344\,03 & -0.037\,41 \\ -0.121\,60 & 1.468\,91 & -0.019\,05 & 0.937\,27 \\ 0.344\,03 & -0.019\,05 & 0.567\,49 & -0.052\,21 \\ -0.037\,41 & 0.937\,27 & -0.052\,21 & 1.858\,60 \end{bmatrix}$$

解算法方程，得未知参数的改正数：$\underset{t\times 1}{\boldsymbol{\delta x}}=\boldsymbol{N}_{BB}^{-1}\boldsymbol{W}$。结果见表4-6的$\boldsymbol{\delta x}$行。

（6）改正数求解。

将δx代入误差方程得改正数$\boldsymbol{V}=\boldsymbol{B\delta x}-\boldsymbol{l}$，见表4-6。

（7）平差值的计算。

待定点坐标的平差值：$\hat{\boldsymbol{X}}=\boldsymbol{X}^0+\boldsymbol{\delta x}$，见表4-6。

观测值的平差值：$\hat{\boldsymbol{L}}=\boldsymbol{L}+\boldsymbol{V}$，结果见表4-6的列。

（8）精度评定。

单位权中误差

$$\hat{\sigma}_0 = \sqrt{\frac{\boldsymbol{V}^T\mathbf{P}\boldsymbol{V}}{n-t}} = \sqrt{\frac{73.6925}{7-4}} = 4.96''$$

待定点点位中误差：由$\boldsymbol{N}_{BB}^{-1}$知未知数的权倒数（即协因数，单位为$\mathrm{mm}^2/\mathrm{s}^2$），各点点位中误差为

$$\hat{\sigma}_E = \pm\hat{\sigma}_0\sqrt{Q_{\hat{X}_E\hat{X}_E}+Q_{\hat{Y}_E\hat{Y}_E}} = \pm 4.96\sqrt{0.383\,06+1.468\,91} = \pm 6.74(\mathrm{mm})$$

$$\hat{\sigma}_F = \pm\hat{\sigma}_0\sqrt{Q_{\hat{X}_F\hat{X}_F}+Q_{\hat{Y}_F\hat{Y}_F}} = \pm 4.96\sqrt{0.567\,49+1.858\,60} = \pm 7.72(\mathrm{mm})$$

4.4 间接平差特列——直接平差

对同一未知量进行多次直接观测，求该量的平差值并评定精度，称为直接平差。例如，对某角度进行n次测回测量，确定被测角度的最终结果。与一般的间接平差相比，直接平差的特点就是必要观测数都等于1，因此它是间接批平差中具有一个参数的特殊情况。直接平差在实际测量中有广泛的用途。这里我们来导出直接平差的一般计算公式。

4.4.1　不同精度观测值的直接平差

设对某未知量对立进行 n 次不同精度观测，观测值为 L_1，L_2，…，L_n，相应的权为 P_1，P_2，…，P_n，现按间接平差确定该量的平差值及中误差。

显然，该问题只有一个必要观测，即 $t=1$，选该量的最或是值 $\hat{X}$ 作为未知参数，则误差方程为

$$\left.\begin{aligned} V_1 &= \hat{X} - L_1 \\ V_2 &= \hat{X} - L_2 \\ &\vdots \\ V_n &= \hat{X} - L_n \end{aligned}\right\} \tag{4-54}$$

按间接平差法方程的纯量形式组成法方程

$$\sum_{i=1}^{n} p_i \cdot \hat{X} - \sum_{i=1}^{n} p_i L_i = 0 \tag{4-55}$$

解算法方程，得未知数的最或是值

$$\hat{X} = \frac{\sum_{i=1}^{n} p_i L_i}{\sum_{i=1}^{n} p_i} = \frac{p_1 L_1 + p_2 L_2 + \cdots + p_n L_n}{p_1 + p_2 + \cdots + p_n} \tag{4-56}$$

式（4-56）即为求解 n 次不同精度观测值最或是值的一般公式，也称之为 n 次不同精度观测值的带权平均值。因此，实际测量中，取 n 次不同精度观测值的带权平均值作为待定量的最或是值。

实际工作中，为了便于计算，设

$$\hat{X} = X^0 + \delta x$$

代入式（4-54），则误差方程为

$$\left.\begin{aligned} V_1 &= \delta x + X^0 - L_1 \\ V_2 &= \delta x + X^0 - L_2 \\ &\vdots \\ V_n &= \delta x + X^0 - L_n \end{aligned}\right\} \tag{4-57}$$

令 $l_i = L_i - X^0$，得

$$\left.\begin{aligned} V_1 &= \delta x - l_1 \\ V_2 &= \delta x - l_2 \\ &\vdots \\ V_n &= \delta x - l_n \end{aligned}\right\} \tag{4-58}$$

法方程为

$$\sum_{i=1}^{n} p_i \cdot \delta x - \sum_{i=1}^{n} p_i l_i = 0 \tag{4-59}$$

解算，得

$$\delta x = \frac{\sum_{i=1}^{n} p_i l_i}{\sum_{i=1}^{n} p_i} = \frac{p_1 l_1 + p_2 l_2 + \cdots + p_n l_n}{p_1 + p_2 + \cdots + p_n} \tag{4-60}$$

则未知数的最或是值为

$$\hat{X}=X^0+\delta x=X^0+\frac{\sum_{i=1}^{n}p_i l_i}{\sum_{i=1}^{n}p_i} \tag{4-61}$$

直接平差问题仅有一个未知参数，即 $t=1$，故单位权中误差计算式为

$$\hat{\sigma}_0=\sqrt{\frac{\boldsymbol{V}^{\mathrm{T}}\boldsymbol{PV}}{n-t}}=\sqrt{\frac{\boldsymbol{V}^{\mathrm{T}}\boldsymbol{PV}}{n-1}} \tag{4-62}$$

由法方程式（4-55）知，法方程系数 $\boldsymbol{N}_{BB}=\sum_{i=1}^{n}p_i$，则未知数 $\hat{X}$ 的协因数为

$$Q_{\hat{X}\hat{X}}=\boldsymbol{N}_{BB}^{-1}=\frac{1}{\sum_{i=1}^{n}p_i} \tag{4-63}$$

或未知数的权

$$p_{\hat{x}}=\frac{1}{Q_{\hat{X}\hat{X}}}=\sum_{i=1}^{n}p_i \tag{4-64}$$

则未知数 $\hat{X}$ 的中误差为

$$\hat{\sigma}_{\hat{X}}=\hat{\sigma}_0\sqrt{Q_{\hat{X}\hat{X}}}=\hat{\sigma}_0\sqrt{\frac{1}{\sum_{i=1}^{n}p_i}}=\sqrt{\frac{\boldsymbol{V}^{\mathrm{T}}\boldsymbol{PV}}{(n-1)\sum_{i=1}^{n}p_i}} \tag{4-65}$$

观测值 L_i 的中误差为

$$\hat{\sigma}_{L_i}=\hat{\sigma}_0\sqrt{\frac{1}{p_i}}=\sqrt{\frac{\boldsymbol{V}^{\mathrm{T}}\boldsymbol{PV}}{(n-1)p_i}} \tag{4-66}$$

观测值平差值 $\hat{L}_i$ 的中误差为

$$\hat{\sigma}_{\hat{L}_i}=\hat{\sigma}_0\sqrt{\frac{1}{\sum_{i=1}^{n}p_i}}=\sqrt{\frac{\boldsymbol{V}^{\mathrm{T}}\boldsymbol{PV}}{(n-1)\sum_{i=1}^{n}p_i}} \tag{4-67}$$

4.4.2 同精度观测值的直接平差

特别地，当对某未知量独立进行 n 次同精度观测，此时 $P_1=P_2=\cdots=P_n=1$，则由式（4-55）得未知数的最或是值

$$\hat{X}=\frac{\sum_{i=1}^{n}L_i}{n}=\frac{L_1+L_2+\cdots+L_n}{n} \tag{4-68}$$

或由式（4-60）和式（4-61）得

$$\delta x=\frac{\sum_{i=1}^{n}l_i}{n}=\frac{l_1+l_2+\cdots+l_n}{n} \tag{4-69}$$

$$\hat{X}=X^0+\delta x=X^0+\frac{\sum_{i=1}^{n}l_i}{n} \tag{4-70}$$

上式表示，某量的 n 次同精度观测值的算术平均值即为该量的最或是值。实际测量中，均以

n 次同精度观测值的算术平均值为待定量的最优估计值。

未知数 $\hat{X}$ 的中误差为

$$\hat{\sigma}_{\hat{X}} = \hat{\sigma}_0 \sqrt{Q_{\hat{X}\hat{X}}} = \hat{\sigma}_0 \sqrt{\frac{1}{n}} = \sqrt{\frac{\boldsymbol{V}^{\mathrm{T}}\boldsymbol{PV}}{n(n-1)}} \tag{4-71}$$

观测值 L_i 的中误差为

$$\hat{\sigma}_{L_i} = \hat{\sigma}_0 \sqrt{\frac{1}{p_i}} = \sqrt{\frac{\boldsymbol{V}^{\mathrm{T}}\boldsymbol{PV}}{(n-1)p_i}} \tag{4-72}$$

观测值平差值 $\hat{L}_i$ 的中误差为

$$\hat{\sigma}_{\hat{L}_i} = \hat{\sigma}_0 \sqrt{\frac{1}{n}} = \sqrt{\frac{\boldsymbol{V}^{\mathrm{T}}\boldsymbol{PV}}{n(n-1)}} \tag{4-73}$$

4.4.3 算例

【例 4-5】 对某边对立测量 5 次，观测值及其权列于表 4-7，求该边的最或是值及其中误差。

表 4-7

序　号	1	2	3	4	5
观测值 L_i/m	112.814	112.807	112.802	112.817	112.816
权 p_i	4.0	2.5	2.0	20.0	10.0

解 该问题的必要观测两只有一个，设该边的最或是值为未知数 $\hat{X}$。

为了方便计算，取 $X^0=112.810\text{m}$，则 $\hat{X}=X^0+\delta x=112.810+\delta x$。

(1) δx 的最或是值

$$\delta x = \frac{\sum_{i=1}^{n} p_i l_i}{\sum_{i=1}^{n} p_i} = \frac{p_1 l_1 + p_2 l_2 + \cdots + p_n l_n}{p_1 + p_2 + \cdots + p_n} = \frac{192.5}{38.5} = 5.0(\text{m})$$

其中，l_i，$p_i l_i$ 及 $\sum_{i=1}^{n} p_i l_i$，$\sum_{i=1}^{n} l_i$ 的计算见表 4-8。

未知量的最或是值为

$$\hat{X} = X^0 + \delta x = 112.810 + \frac{5.0}{1000} = 112.815(\text{m})$$

(2) 精度评定

未知数 $\hat{X}$ 的中误差为

$$\hat{\sigma}_{\hat{X}} = \sqrt{\frac{\boldsymbol{V}^{\mathrm{T}}\boldsymbol{PV}}{(n-1)\sum_{i=1}^{n} p_i}} = \sqrt{\frac{592}{(5-1)\times 38.5}} = 2.0(\text{mm})$$

式中，$\boldsymbol{V}^{\mathrm{T}}\boldsymbol{PV}\left(\sum_{i=1}^{n} p_i v_i v_i\right)$、$\sum_{i=1}^{n} p_i$ 计算见表 4-8。

表 4-8

序　号	1	2	3	4	5	$\sum_{1}^{n}$
观测值 L_i/m	112.814	112.807	112.802	112.817	112.816	38.5
权 p_i	4.0	2.5	2.0	20.0	10.0	
$l_i=L_i-X^0$/mm	+4	−3	−8	+7	+6	192.5
p_iv_i	+16.0	−7.5	−16.0	+140.0	+60.0	
v_i	+1	+8	+13	−2	−1	592
$p_iv_iv_i$	+4	+160	+338	+80	+10	

4.5　三角网间接平差简介

间接平差的函数模型是误差方程，它是表达观测量与未知数之间关系的方程式。一般工程测量平面控制网的观测对象主要是方向（或角度）和相邻点间的距离（即边长），因此坐标平差时主要列立各观测方向及观测边长的误差方程式，再按照间接平差法的原理和步骤，由误差方程和观测值的权组成未知数法方程去解算待定点坐标平差值，并进行精度评定。

三角网分为测角网、测边网和边角同测网，现就测角网进行说明。

【例 4-6】 设有一测角网，如图 4-10 所示，网中 A、B、C、D 是已知点，$P1$、$P2$ 是待定点，同精度观测了 18 个角度。试按间接平差法求平差后 $P1$、$P2$ 点的坐标及 $P1$、$P2$ 点坐标的中误差。起算数据和观测值见表 4-9 和表 4-10。

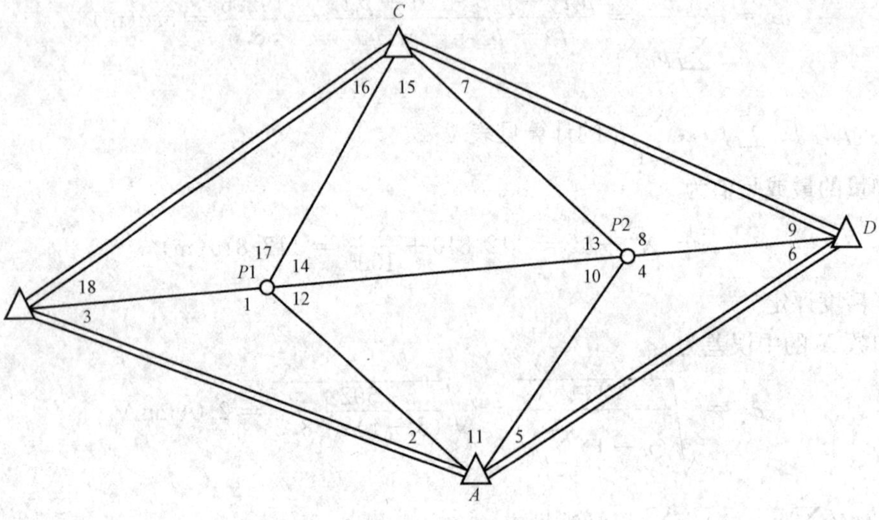

图 4-10

表 4-9

点 名	坐 标/m		边 长 /m	坐标方位角 /(° ′ ″)
	X	Y		
A	9 684.28	43 836.62		
B	106 493.55	31 996.50	11 879.60	274 39 38.4
C	19 063.66	37 818.86	10 232.16	34 40 56.3
D	17 814.63	49 923.19	12 168.60	95 53 29.1
A			10 156.11	216 49 06.5

表 4-10

角度编号	观测值/(° ′ ″)	角度编号	观测值/(° ′ ″)	角度编号	观测值/(° ′ ″)
1	126 14 24.1	7	22 02 43.0	13	46 38 56.4
2	23 39 46.9	8	130 03 14.2	14	66 34 54.7
3	30 05 46.7	9	27 53 59.3	15	66 46 08.2
4	117 22 46.2	10	65 55 00.8	16	29 58 35.5
5	31 26 50.0	11	67 02 49.4	17	120 08 31.1
6	31 10 22.6	12	47 02 11.4	18	29 52 55.4

解 (1) 算得待定点 $P1$ 和 $P2$ 点的近似坐标为:

$$X_1^0 = 13188.61\text{m} \qquad X_2^0 = 15578.61\text{m}$$

$$Y_1^0 = 37334.97\text{m} \qquad Y_2^0 = 44391.03\text{m}$$

根据已知点的坐标和待定点的近似坐标反算各边的近似坐标方位角 δ_{jk}^0，其结果见表 4-11。

表 4-11

方 向	近似坐标方位角/(° ′ ″)	方 向	近似坐标方位角/(° ′ ″)
$P1A$	118 19 24.7	$P2A$	185 22 17.0
$P1B$	244 33 48.6	$P2C$	297 56 09.0
$P1C$	4 42 30.4	$P2D$	67 59 31.7
$P1P2$	71 17 16.6		

(2) 计算与待定点 $P1$ 和 $P2$ 相连各边的坐标方位角改正数方程的系数，结果列于表 4-12。

表 4-12

方 向	Δy^0 /m	Δx^0 /m	$(S)^2$ /m	$\delta\alpha$ 系 数 (s/dm)			
				$\hat{x}_1$	$\hat{y}_1$	$\hat{x}_2$	$\hat{y}_2$
$P1A$	+6502	−3504	5455×10^4	+2.46	+1.32		
$P1B$	−5338	−2539	3495×10^4	−3.15	+1.50		
$P1C$	+484	+5875	3475×10^4	+0.29	−3.49		
$P1P2$	+7056	+2390	5550×10^4	+2.62	−0.89	−2.62	+0.89
$P2A$	−554	−5894	3505×10^4			−0.33	+3.47
$P2C$	−6572	+3485	5534×10^4			−2.45	−1.30
$P2D$	+5532	+2236	3560×10^4			+3.20	−1.30

（3）计算误差方程系数和常数项，结果列于表 4-13，表中每一行表示一个误差方程。v 为角度改正数，在解出坐标改正数 $\hat{x}$ 后算得。

表 4-13

参数 / 角号	a	b	c	d	$-l$	v
	$\hat{x}_i$	$\hat{y}_i$	$\hat{x}_j$	$\hat{y}_j$		
	−0.1030	+2.3208	−1.2069	0.5348		
1	−5.61	+0.18			−0.2	+0.8
2	+2.46	+1.32			−0.6	+2.2
3	+3.15	−1.50			+3.1	−0.7
4			−3.53	+4.77	−0.9	+0.8
5			+0.33	−3.47	−0.5	+1.0
6			+3.20	−1.30	+2.6	−0.6
7			−2.45	−1.30	−3.1	+0.5
8			+5.65	0.00	+8.5	+1.7
9			−3.20	+1.30	−1.9	+1.3
10	+2.62	−0.89	−2.29	−2.58	−1.2	+0.6
11	−2.46	−1.32	−0.33	+3.47	+2.9	−1.4
12	−0.16	+2.21	+2.62	−0.89	−3.3	−0.8
13	−2.62	+0.89	+0.17	−2.19	−4.0	−0.7
14	+2.33	+2.60	−2.60	+0.89	−8.5	−0.0
15	+0.29	−3.49	+2.45	+1.30	−13.2	+1.4
16	−0.29	+3.49			−9.6	−1.5
17	+3.44	−4.99			+10.7	−1.2
18	−3.15	+1.50			−3.1	+0.7
加和	0	0	0	0	+4.1	

（4）组成法方程

$$\begin{bmatrix} 94.61 & -22.11 & -11.45 & -6.96 \\ -22.11 & 70.51 & -6.95 & -8.42 \\ -11.45 & -6.95 & 96.09 & -20.21 \\ -6.96 & -8.42 & -20.21 & 66.63 \end{bmatrix} \begin{bmatrix} \hat{x}_1 \\ \hat{y}_1 \\ \hat{x}_2 \\ \hat{y}_2 \end{bmatrix} = \begin{bmatrix} -43.52 \\ 178.81 \\ -120.11 \\ -30.07 \end{bmatrix}$$

$$\boldsymbol{N}_{bb}^{-1} = \begin{bmatrix} 0.0121 & 0.0044 & 0.0023 & 0.0025 \\ 0.0044 & 0.0161 & 0.0024 & 0.0032 \\ 0.0023 & 0.0024 & 0.0117 & 0.0041 \\ 0.0025 & 0.0032 & 0.0041 & 0.0169 \end{bmatrix}$$

由 $\hat{\boldsymbol{x}}=\boldsymbol{N}_{bb}^{-1}\boldsymbol{W}$ 可得

$$\hat{\boldsymbol{x}} = [\hat{x}_1 \quad \hat{y}_1 \quad \hat{x}_2 \quad \hat{y}_2]^{\mathrm{T}} = [-0.1030 \quad 2.3208 \quad -1.2069 \quad -0.5348]^{\mathrm{T}}(\mathrm{dm})$$

(5) 平差值计算

1) 坐标平差值

$$\hat{X}_1 = 13\ 188.60\text{m}$$
$$\hat{Y}_1 = 37\ 335.20\text{m}$$
$$\hat{X}_2 = 15\ 578.49\text{m}$$
$$\hat{Y}_2 = 44\ 390.98\text{m}$$

2) 待定点坐标方位角和边长的平差值。由待定点坐标和已知点坐标计算的待定边的坐标方位角和边长平差值，结果见表4-14。

表4-14

方 向	边长/m	坐标方位角/(° ′ ″)	方 向	边长/m	坐标方位角/(° ′ ″)
P1A	7385.89	118 19 27.5	*P2A*	5920.20	185 22 15.7
P1B	5911.73	244 33 52.4	*P2C*	7439.03	297 56 12.6
P1C	5894.93	4 42 22.4	*P2D*	5967.05	67 59 28.5
P1P2	7449.54	71 17 17.0			

3) 观测量的平差。将表4-13中的改正数 v 与观测值相加，即得观测量的平差值 $\hat{L}$。

(6) 精度计算

1) 单位权中误差，即测角中误差为

$$\sigma_0 = \pm\sqrt{\frac{\boldsymbol{V}^{\mathrm{T}}\boldsymbol{PV}}{n-t}} = \pm\sqrt{\frac{22.28}{18-4}} = \pm 1.3''$$

2) 待定点坐标中误差。由 $\boldsymbol{N}_{bb}^{-1}$ 中取得未知数的权倒数，计算

$$\hat{\sigma}_{\hat{X}_1} = \pm\hat{\sigma}_0\sqrt{Q_{\hat{X}_1\hat{X}_1}} = \pm 1.3\sqrt{0.0121} = \pm 0.14\text{dm}$$
$$\hat{\sigma}_{\hat{Y}_1} = \pm\hat{\sigma}_0\sqrt{Q_{\hat{Y}_1\hat{Y}_1}} = \pm 1.3\sqrt{0.0161} = \pm 0.16\text{dm}$$
$$\hat{\sigma}_{P1} = \sqrt{(\hat{\sigma}_{\hat{X}_1})^2 + (\hat{\sigma}_{\hat{Y}_1})^2} = \sqrt{(0.14)^2 + (0.16)^2} = \pm 0.21\text{dm}$$
$$\hat{\sigma}_{\hat{X}_2} = \pm\hat{\sigma}_0\sqrt{Q_{\hat{X}_2\hat{X}_2}} = \pm 1.3\sqrt{0.0117} = \pm 0.14\text{dm}$$
$$\hat{\sigma}_{\hat{Y}_2} = \pm\hat{\sigma}_0\sqrt{Q_{\hat{Y}_2\hat{Y}_2}} = \pm 1.3\sqrt{0.0169} = \pm 0.17\text{dm}$$
$$\hat{\sigma}_{P2} = \sqrt{(\hat{\sigma}_{\hat{X}_2})^2 + (\hat{\sigma}_{\hat{Y}_2})^2} = \sqrt{(0.14)^2 + (0.17)^2} = \pm 0.22\text{dm}$$

式中 σ——点位中误差。

第 5 章　误　差　椭　圆

5.1　概述

在测量中，由于观测值总是带有观测误差，因而根据观测值进行平差计算所获得的待定点坐标的平差值也是有误差的。

如图 5-1 中，A 为以知点，假定其坐标是不带误差的数值。P 为待定点的真位值，p' 点为经过平差所得的点位，两者之距离为 ΔP，称之为点位真误差，简称为真误差。由图可知，在待定点的这两对坐标之间存在着误差 Δx、Δy，则

$$\left.\begin{aligned}\Delta x &= \tilde{x} - \hat{x}\\ \Delta y &= \tilde{y} - \hat{y}\end{aligned}\right\} \tag{5-1}$$

且有

$$\Delta p^2 = \Delta x^2 + \Delta y^2 \tag{5-2}$$

Δx、Δy 为真位差在 x 轴和 y 轴上两个位差分量，也可以理解为真位差在坐标轴上的投影。设 Δx、Δy 的中误差为 δ_x、δ_y，考虑 Δx 与 Δy 互相独立，对式（5-2）进行误差传播，可得点 P 真位差 ΔP 的方差为

$$\delta_p^2 = \delta_x^2 + \delta_y^2 \tag{5-3}$$

式中　δ_p^2——点 P 的点位方差；

δ_p——点位中误差。

如果将图 5-1 中的坐标系旋转某一角度，即以 $x'Oy'$ 为坐标系（图 5-2），则可以看出 ΔP 的大小将不受坐标轴的变动而发生变化，此时 $\Delta P^2 = \Delta x'^2 + \Delta y'^2$，仿式（5-3）可得

$$\delta_p^2 = \delta_{x'}^2 + \delta_{y'}^2$$

这说明，尽管点位真误差 ΔP 在不同坐标系的两个坐标轴上的投影长度不等，但点位方差 δ_p^2 总是等于两个相互垂直的方向上的坐标方差之和，即它与坐标系的选择无关。

如果再将点 P 的真位差 ΔP 投影于 AP 方向和垂直于 AP 的方向上则得 Δs 和 Δu（图 5-1），Δs、Δu 为点 P 的纵向误差和横向误差，此时有

$$\Delta P^2 = \Delta s^2 + \Delta u^2 \tag{5-4}$$

仿式（5-3）又可写出

$$\delta_p^2 = \delta_s^2 + \delta_u^2 \tag{5-5}$$

通过纵、横向误差来求定点位误差，这在测量工作中也是一种常用的方法。

上述的 σ_x 和 σ_y 分别为点在 x 轴和 y 轴上的中误差，或称为 x 轴和 y 轴方向上的位差。同样，σ_s 和 σ_u 是点在 AP 边的纵向和横向上的位差。为了衡量待定点的精度，一般要求出其点位中误差 σ_p，为此，可求出它在两个相互垂直方向上的中误差，例如 σ_x 和 σ_y 或 σ_s 和 σ_u，就可由式（5-3）或式（5-5）计算点位中误差。

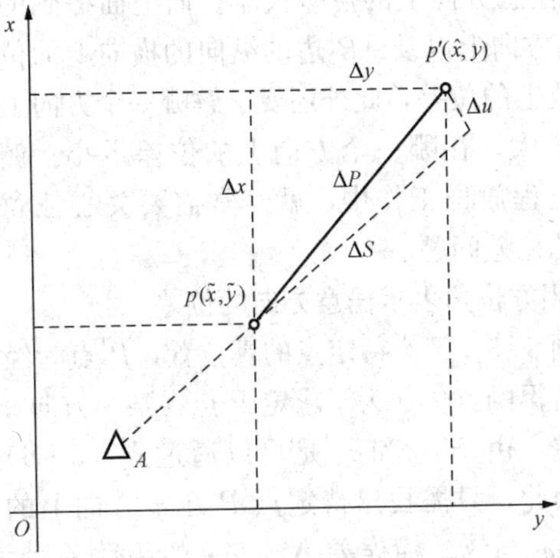

图 5 - 1

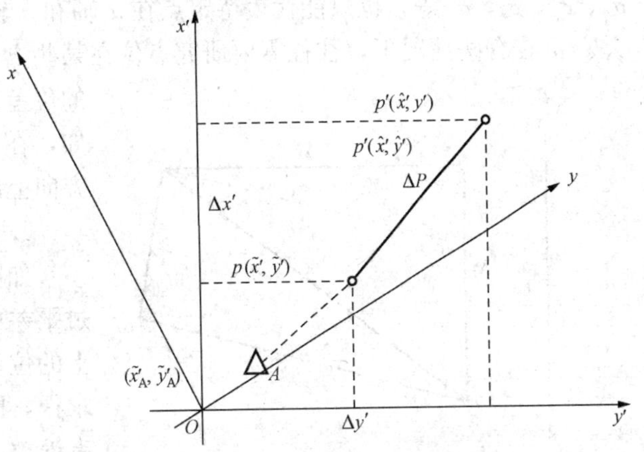

图 5 - 2

5.2　点位误差

5.2.1　点位误差的计算

由定权的基本公式可知

$$\sigma_y^2 = \sigma_0^2 \frac{1}{p_y} = \sigma_0^2 Q_{yy} \qquad \sigma_x^2 = \sigma_0^2 \frac{1}{p_x} = \sigma_0^2 Q_{xx} \tag{5-6}$$

将式（5 - 6）代入式（5 - 3）得

$$\sigma_P^2 = \sigma_x^2 + \sigma_y^2 = \sigma_0^2 (Q_{xx} + Q_{yy}) \tag{5-7}$$

可见，只要计算出 Q_{xx}、Q_{yy} 及单位权方差 σ_0^2，即可计算出 σ_P^2。关于 Q_{xx}、Q_{yy} 的计算问题，以间接平差方法概述如下：

当以三角网中待定点的坐标作为参数，按坐标平差时，法方程系数阵的逆阵就是参数的协因数阵 Q_{xx}，当平差问题中只有一个待定点时

$$\boldsymbol{Q}_{xx} = (\boldsymbol{B}^{\mathrm{T}} \boldsymbol{P} \boldsymbol{B})^{-1} = \begin{bmatrix} Q_{xx} & Q_{xy} \\ Q_{yx} & Q_{yy} \end{bmatrix} \tag{5-8}$$

其中主对角线的位置 Q_{xx}、Q_{yy} 就是待定点坐标平差值 x、y 的协因数，而 Q_{xy}、Q_{yx} 则是它们的相关协因数。相关协因数将在后面的公式推导中用到。当平差问题中有多个待定点，例如 s 个待定点时，参数的协因数阵为

$$\underset{2S,2S}{\boldsymbol{Q}_{\hat{X}\hat{X}}} = (\boldsymbol{B}^{\mathrm{T}} \boldsymbol{P} \boldsymbol{B})^{-1} = \begin{bmatrix} Q_{x_1x_1} & Q_{x_1y_1} & \cdots & Q_{x_1x_i} & Q_{x_1y_i} & \cdots & Q_{x_1x_s} & Q_{x_1y_s} \\ Q_{y_1x_1} & Q_{y_1y_1} & \cdots & Q_{y_1x_i} & Q_{y_1y_i} & \cdots & Q_{y_1x_s} & Q_{y_1y_s} \\ \vdots & \vdots & & \vdots & \vdots & & \vdots & \vdots \\ Q_{x_sx_1} & Q_{x_sy_1} & \cdots & Q_{x_sx_i} & Q_{x_sy_i} & \cdots & Q_{x_sx_s} & Q_{x_sy_s} \\ Q_{y_sx_1} & Q_{y_sy_1} & \cdots & Q_{y_sx_i} & Q_{y_sy_i} & \cdots & Q_{y_sx_s} & Q_{y_sy_s} \end{bmatrix} \tag{5-9}$$

待定点坐标的协因数仍为相应的主对角线的元素，而相关协因数则在相应协因数边线的两侧。

5.2.2　任意方向上的位差

平差时，一般只求出待定点坐标的中误差和点位中误差。点位中误差虽然可以用来评定

待定点的点位精度，但是它却不能代表该点在某一任意方向上的位差大小。而上面提到的 σ_x、σ_y、σ_u、σ_s 等，也只能代表待定点在 x 轴和 y 轴方向上以及 AP 边的纵向的横向上的位差。但在有些情况下，往往需要研究点位在某些方位上的位差，此外还要了解哪一个方向上的位差最大，在哪一个方向上的位差最小。例如，在工程放样工作中，就经常需要关心任意方向上的位差问题。

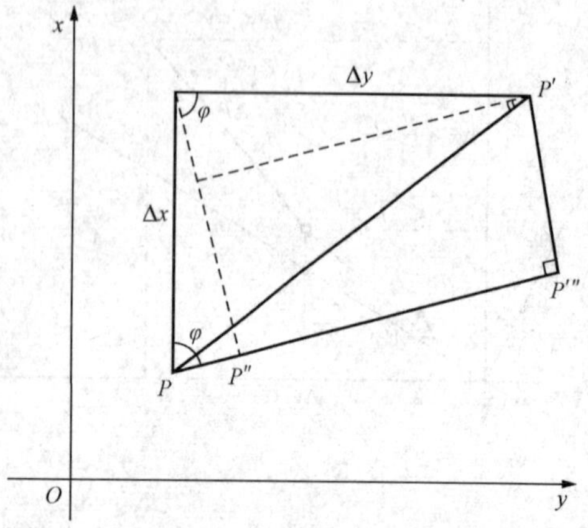

图 5-3

1. 用方位角表示任意方向的位差

如图 5-3，P 为待定点的真位置，P' 点为经过平差所得的点位，为了求定 P 点在某一方向 φ 上的位差，由于 σ_x 和 σ_y 是可以通过式（5-6）求得，因此，只需找出待定点 P 在 φ 方向上的真误差 $\Delta\varphi$ 与纵、横误差 Δx、Δy 的函数关系，然后根据误差传播律即求出该方向的位差。由图 5-3 可知，点位真误差 PP' 在 φ 方向上的投影值为 PP''' 即 $\Delta\varphi$，其与 Δx、Δy 的关系为

$$\Delta\varphi = \overline{PP'''} = \overline{PP''} + \overline{P''P'''} = \cos\varphi\Delta x + \sin\varphi\Delta y \tag{5-10}$$

根据协因数传播律得

$$Q_{\varphi\varphi} = Q_{xx}\cos^2\varphi + Q_{yy}\sin^2\varphi + Q_{xy}\sin 2\varphi \tag{5-11}$$

待定点 P 在 φ 方向上的位差可用下式得到

$$\sigma_\varphi^2 = \sigma_0^2 Q_{\varphi\varphi} = \sigma_0^2(Q_{xx}\cos^2\varphi + Q_{yy}\sin^2\varphi + Q_{xy}\sin 2\varphi) \tag{5-12}$$

上式中单位权方差为常量，σ_φ^2 的大小取决于 $Q_{\varphi\varphi}$，而 $Q_{\varphi\varphi}$ 是 φ 的函数。若想求得与 φ 方向垂直方向（即 $\varphi+90°$ 方向）上的方差，可将 $\varphi+90°$ 代入式（5-12）得

$$\begin{aligned}\sigma_{\varphi+90°}^2 &= \sigma_0^2[Q_{xx}\cos^2(\varphi+90°) + Q_{yy}\sin^2(\varphi+90°) + Q_{xy}\sin 2(\varphi+90°)] \\ &= \sigma_0^2(Q_{xx}\sin^2\varphi + Q_{yy}\cos^2\varphi - Q_{xy}\sin 2\varphi)\end{aligned} \tag{5-13}$$

将以上两式相加，即得

$$\sigma_\varphi^2 + \sigma_{\varphi+90°}^2 = \sigma_0^2(Q_{xx} + Q_{yy}) = \sigma_P^2 \tag{5-14}$$

这又一次表明：任何一点的点位方差总是等于两个相互垂直方向上的方差分量之和。

由式可知 σ_φ^2 的大小与 φ 有关，当方向 φ 取图 5-1 中的 x、y、x'、y' 或 AP 方向以及垂直于 AP 的方向时，相应方向上的位差权倒数为 Q_{xx}、Q_{yy}、$Q_{x'x'}$、$Q_{y'y'}$ 和 Q_{ss}、Q_{uu}。在众多方向的位差权倒数中，必有一对权倒数取得极大值和极小值，分别设为 Q_{EE} 和 Q_{FF}，而相应的方向分别设为 φ_E 和 φ_F，其中在 φ_E 方向上的位差具有极大值，而在 φ_F 方向上的位差具有极小值，很显然，φ_E 和 φ_F 两方向之差为 90°。

为求 Q_{EE} 和 Q_{FF}，可利用协因数阵，因为 Q_{EE} 和 Q_{FF} 就是这个协因数阵特征值的两个根。由线性代数中特征方程求特征根的方法，可求得

$$\left.\begin{aligned}Q_{EE} &= \frac{1}{2}(Q_{xx} + Q_{yy} + K) \\ Q_{FF} &= \frac{1}{2}(Q_{xx} + Q_{yy} - K)\end{aligned}\right\} \tag{5-15}$$

式中

$$K=\sqrt{(Q_{xx}-Q_{yy})^2+4Q_{xy}^2} \tag{5-16}$$

位差的极大值和极小值为

$$\left.\begin{aligned} E^2=\sigma_0^2Q_{EE}=\frac{1}{2}\sigma_0^2(Q_{xx}+Q_{yy}+K)\\ F^2=\sigma_0^2Q_{FF}=\frac{1}{2}\sigma_0^2(Q_{xx}+Q_{yy}-K)\end{aligned}\right\} \tag{5-17}$$

或

$$E=\sigma_0\sqrt{Q_{EE}} \tag{5-18}$$

$$F=\sigma_0\sqrt{Q_{FF}} \tag{5-19}$$

因为两个极值方向相互垂直，可得

$$E^2+F^2=\sigma_0^2(Q_{EE}+Q_{FF})=\sigma_0^2(Q_{xx}+Q_{yy})=\sigma_P^2 \tag{5-20}$$

极大值方向 φ_E 和极小值方向 φ_F 计算式为

$$\tan\varphi_E=\frac{Q_{EE}-Q_{xx}}{Q_{xy}}=\frac{Q_{xy}}{Q_{EE}-Q_{yy}} \tag{5-21}$$

$$\tan\varphi_F=\frac{Q_{FF}-Q_{xx}}{Q_{xy}}=\frac{Q_{xy}}{Q_{FF}-Q_{yy}} \tag{5-22}$$

2. 用极值 E、F 也可表示任意方向上的位差

由式（5-12）计算任意方向 φ 上的位差时，φ 是由纵坐标 x 轴北端起顺时针旋转到某方向的方位角。现推导用 E、F 表示并以 E 轴（即方向 φ_E 轴）起算的任意方向上的位差，这个任意方向用 ψ 表示。

若以 E 轴为坐标轴，计算任意方向 ψ 的位差，必须先找出真误差 $\Delta\psi$ 与 ΔE、ΔF 之间的关系式，再利用协因数传播律求得 $Q_{\psi\psi}$。仿照求 $Q_{\varphi\varphi}$ 的方法可知

$$\Delta\psi=\cos\psi\Delta E+\sin\psi\Delta F \tag{5-23}$$

$$Q_{\psi\psi}=Q_{EE}\cos^2\psi+Q_{FF}\sin^2\psi+Q_{FF}\sin2\psi \tag{5-24}$$

式中 Q_{EF}——两个极值方向位差的互协因数，可以证明 $Q_{EF}=0$，亦即在 E、F 方向上的平差后坐标是不相关的。

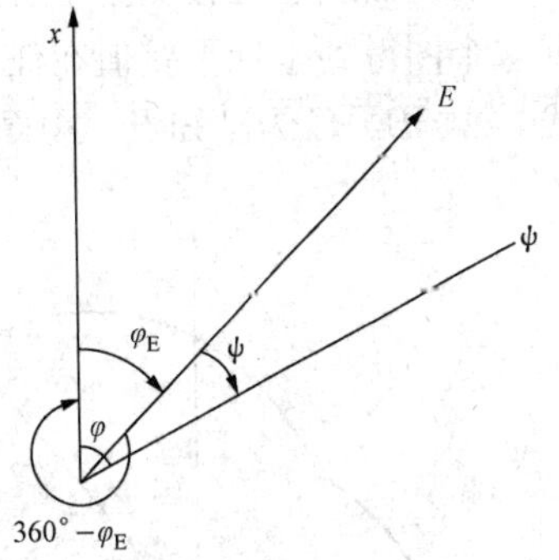

图 5-4

因此，式（5-24）中的协因数可写为

$$Q_{\psi\psi}=Q_{EE}\cos^2\psi+Q_{FF}\sin^2\psi \tag{5-25}$$

以极值 E、F 表示任意方向 ψ 上的位差公式为

$$\sigma_\psi^2=\sigma_0^2Q_{\psi\psi}=\sigma_0^2(Q_{EE}\cos^2\psi+Q_{FF}\sin^2\psi) \tag{5-26}$$

或

$$\sigma_\psi^2=E^2\cos^2\psi+F^2\sin^2\psi \tag{5-27}$$

【例 5-1】 已知某平面控制网中待定点 P 的协因数阵为

$$Q_{\hat{X}\hat{X}}=\begin{bmatrix}1.236 & -0.314\\ -0.314 & 1.192\end{bmatrix}$$

并求得 $\hat{\sigma}_0=1$，试求得 E、F 和 φ_E 的值。

解 $K=\sqrt{(Q_{xx}-Q_{yy})^2+4Q_{xy}^2}=0.6295$

$$Q_{EE}=\frac{1}{2}(Q_{xx}+Q_{yy}+K)=1.528$$

$$Q_{FF}=\frac{1}{2}(Q_{xx}+Q_{yy}-K)=0.899$$

$$E=\hat{\sigma}_0\sqrt{Q_{EE}}=1.24$$

$$F=\hat{\sigma}_0\sqrt{Q_{FF}}=0.95$$

$$\tan\varphi_{\mathrm{E}}=\frac{Q_{EE}-Q_{xx}}{Q_{xy}}=-0.923$$

$\varphi_{\mathrm{E}}=137°$或 $317°$

$$\tan\varphi_{F}=\frac{Q_{FF}-Q_{xx}}{Q_{xy}}=1.073$$

$\varphi_{\mathrm{E}}=77°$或 $227°$

5.3 误差曲线与误差椭圆

5.3.1 误差曲线

以不同的 ψ 和 σ_ψ 为极坐标的点的轨迹是一闭合曲线，其形状如图 5-5 所示。显然，任意方向 ψ 上的向径 $\overline{OP}$ 就是该方向上的位差 σ_ψ。这个曲线把各方向上的位差清楚地图解出来了。由图 5-5 可以看出，该图形是关于 E 轴和 F 轴对称的。这个曲线称为误差曲线。

误差曲线在工程测量中有广泛的应用，当控制网略图和待定点的误差曲线给出后，可根据这个图得到坐标平差值在任一方向的位差大小。如图 5-6 为控制网中 P 点的点位误差曲线，A、B、C 为已知点。由图可知，$\sigma_{x_{\mathrm{P}}}=\overline{Pa}$，$\sigma_{y_{\mathrm{P}}}=\overline{Pb}$，$\sigma_{\varphi_{\mathrm{E}}}=\overline{Pc}=E$，$\sigma_{\varphi_{\mathrm{F}}}=\overline{Pd}=F$。

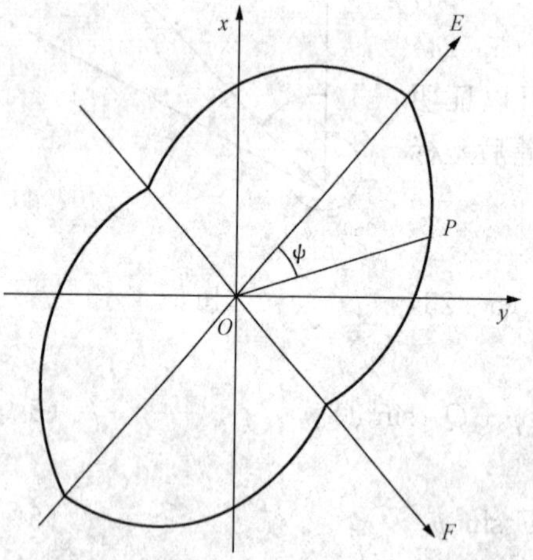

图 5-5

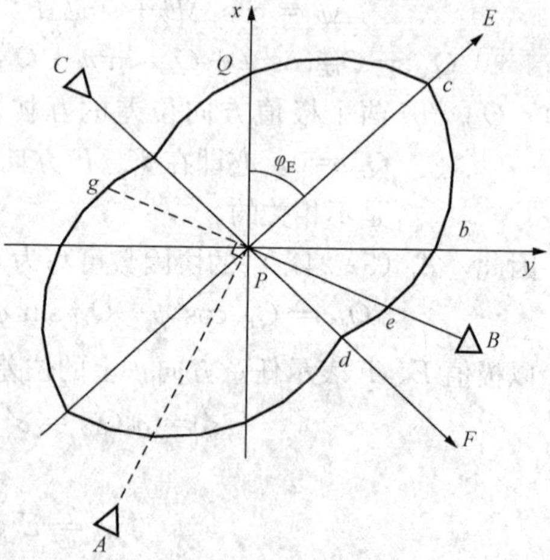

图 5-6

由图 5-6 还可找到坐标平差值函数的中误差。例如要求出平差后方位角 α_{PA} 的中误差 $\sigma_{\alpha_{\mathrm{PA}}}$，可先由图中量出垂直于 PA 方向上的位差 $\overline{Pg}$，这是 $\overline{PA}$ 边的横向误差 σ_u，则由下式可得

$$\sigma''_{\alpha_{PA}} = \rho'' \frac{\sigma_u}{S_{PA}} = \rho'' \frac{\overline{Pg}}{S_{PA}} \tag{5-28}$$

式中 S_{PA}——PA 的长度。

又如 PB 边长的中误差为

$$\sigma_{S_{PB}} = \overline{Pe} \tag{5-29}$$

5.3.2 误差椭圆

误差曲线不是一种典型的曲线，作图不太方便，因此实用价值不高，为此可用形状与误差曲线很相似，以 E、F 为长、短半轴的椭圆（图 5-7）来代替，此椭圆称点位误差椭圆。φ_E、E、F 称为点位误差椭圆参数。误差椭圆与误差曲线的两个极值方向完全重合，其他各处两者差距甚微，在点位误差椭圆上也可以图解出任意方向 ψ 的位差 σ_ψ。其方法是：如图 5-7所示，自椭圆作 ψ 方向的正交切线 PD，P 为切点，D 为垂点，可以证明 $\sigma_\psi=\overline{OD}$。从图中可以看出，与$\overline{OD}$相应在 ψ 方向误差椭圆的向径$\overline{OD'}$，由于$\overline{OD'}$与$\overline{OD}$相差很小，在估算控制网中可近似应用，一般不作误差曲线。

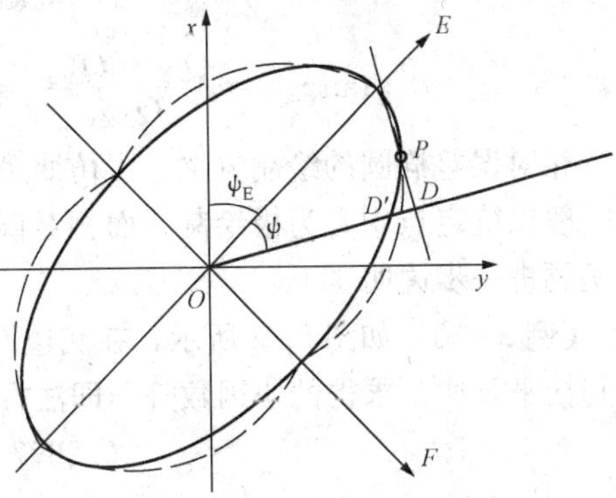

图 5-7

需要指出的是，在以上的讨论中，都是以一个待定点为例，说明了如何确定该点点位误差椭圆或点位误差曲线的问题。如果网中有多个待定点，也可以利用上述相同的方法，为每一个待定点确定一个点位误差椭圆或点位误差曲线。

若平差采用间接平差法，设有 s 个待定点，则有 $2s$ 个坐标未知数，其相应的协因数阵为式（5-9）。为了绘制第 i 个待定点的点位误差椭圆，则需要计算误差椭圆参数，为此，按照第一节所述的方法，由式（5-21）、式（5-18）和式（5-19）求得 φ_{E_i}、E_i、F_i，即可作出该点的点位误差椭圆。

5.4 相对误差椭圆

前面第三节说明如何利用点位误差曲线从图上量出已知点与待定点之间的边长中误差，以及与该边相垂直的横向中误差，从而求出方位角中误差。如果网中有多个待定点时，则可作出多个点位误差曲线，此时，也可利用这些点位误差曲线，确定已知点与任一待定点之间的边长中误差或方位角中误差，但不能确定待定点与待定点之间的边长中误差或方位角中误差，这是因为这些待定点的坐标是相关的。

在平面控制网中，有时不需要研究待定点相对于起始点的精度，而需要了解任意两个待定点之间的相对位置的精度情况，这就要用到相对误差椭圆。

设坐标系中有两个待定点为 P_i 及 P_k，这两点的相对位置可通过其坐标差来表示，即

$$\left.\begin{aligned} \Delta x_{ik} &= x_k - x_i \\ \Delta y_{ik} &= y_k - y_i \end{aligned}\right\} \tag{5-30}$$

根据协因数传播律可得

$$\left.\begin{aligned}Q_{\Delta x\Delta x}&=Q_{x_kx_k}+Q_{x_ix_i}-2Q_{x_kx_i}\\Q_{\Delta y\Delta y}&=Q_{y_ky_k}+Q_{y_iy_i}-2Q_{y_ky_i}\\Q_{\Delta x\Delta y}&=Q_{x_ky_k}-Q_{x_ky_i}-Q_{x_iy_k}+Q_{x_iy_i}\end{aligned}\right\}\quad(5-31)$$

由上式可以看出，如果 P_i 和 P_k 两点中有一个点为不带误差的已知点（例如 P_i 点），则有

$$Q_{\Delta x\Delta x}=Q_{x_kx_k},Q_{\Delta y\Delta y}=Q_{y_ky_k},Q_{\Delta x\Delta y}=Q_{x_ky_k}$$

这样，两点坐标差的协因数就等于待定点坐标的协因数，而这时作出的点位误差曲线就是待定点相对于已知点的。

利用式（5-31）就可以得到计算 P_i 和 P_k 点间相对误差椭圆的三个参数：

$$\left.\begin{aligned}E_{ik}^2&=\frac{1}{2}\sigma_0^2\left(Q_{\Delta x\Delta x}+Q_{\Delta y\Delta y}+\sqrt{(Q_{\Delta x\Delta x}-Q_{\Delta y\Delta y})^2+4Q_{\Delta x\Delta y}^2}\right)\\F_{ik}^2&=\frac{1}{2}\sigma_0^2\left(Q_{\Delta x\Delta x}+Q_{\Delta y\Delta y}-\sqrt{(Q_{\Delta x\Delta x}-Q_{\Delta y\Delta y})^2+4Q_{\Delta x\Delta y}^2}\right)\\\tan\varphi_{E_{ik}}&=\frac{Q_{EE}-Q_{\Delta x\Delta x}}{Q_{\Delta x\Delta y}}=\frac{Q_{\Delta x\Delta y}}{Q_{EE}-Q_{\Delta x\Delta y}}\end{aligned}\right\}\quad(5-32)$$

相对误差椭圆的绘制方法，可仿照第三节中的方法进行。二者的不同在于：点位误差椭圆一般以待定点中心为极绘制，而相对误差椭圆以两个待定点连线的中心为极绘制。下面通过例题进一步说明。

【例5-2】 如图5-8所示，在测边网中，设待定点 P_1、P_2 两点的坐标为未知参数，采用间接平差法，求得的协因数阵，即法方程系数阵的逆阵为

$$\boldsymbol{Q}_{\hat{X}\hat{X}}=\boldsymbol{N}_{BB}^{-1}=\begin{bmatrix}0.2677&0.1267&-0.0561&0.0806\\0.1267&0.7569&-0.0684&0.1626\\-0.0561&-0.0684&0.4914&0.2106\\0.0806&0.1626&0.2106&0.8624\end{bmatrix}$$

平差后，计算得单位权方差为 $\hat{\sigma}_0^2=4.5\text{cm}^2$。试求 P_1、P_2 两点的误差椭圆及相对误差椭圆。

解 （1）计算 P_1 点位误差椭圆的三个参数。

$$E_1^2=\frac{1}{2}\hat{\sigma}_0^2\left(Q_{x_1x_1}+Q_{y_1y_1}+\sqrt{(Q_{x_1x_1}-Q_{y_1y_1})^2+4Q_{x_1y_1}^2}\right)=3.5449$$

$$F_1^2=\frac{1}{2}\hat{\sigma}_0^2\left(Q_{x_1x_1}+Q_{y_1y_1}-\sqrt{(Q_{x_1x_1}-Q_{y_1y_1})^2+4Q_{x_1y_1}^2}\right)=1.0658$$

即

$$E_1=1.9\text{cm},\quad F_1=1.0\text{cm}$$

$$Q_{E_1E_1}=\frac{1}{2}\left(Q_{x_1x_1}+Q_{y_1y_1}+\sqrt{(Q_{x_1x_1}-Q_{y_1y_1})^2+4Q_{x_1y_1}^2}\right)=0.7878$$

$$\tan\varphi_{E_1}=\frac{Q_{E_1E_1}-Q_{x_1x_1}}{Q_{x_1y_1}}=4.10,\quad \varphi_{E_1}=76°18'$$

（2）计算 P_2 点位误差椭圆的三个参数。

同（1）算法，得

$$E_2=2.1\text{cm},\quad F_2=1.3\text{cm}$$

$$\varphi_{E_2}=65°41'$$

（3）计算 P_1 点与 P_2 点间相对点位误差椭圆的三个参数。

$$\left.\begin{aligned} Q_{\Delta x\Delta x} &= Q_{x_1x_1}+Q_{x_2x_2}-2Q_{x_1x_2}=0.8713 \\ Q_{\Delta y\Delta y} &= Q_{y_1y_1}+Q_{y_2y_2}-2Q_{y_1y_2}=1.2941 \\ Q_{\Delta x\Delta y} &= Q_{x_1y_1}-Q_{x_1y_2}-Q_{x_2y_1}+Q_{x_2y_2}=0.3251 \end{aligned}\right\}$$

$$E_{12}=2.6\text{cm},\quad F_{12}=1.8\text{cm}$$

而相对误差椭圆的 E 轴方向为

$$\varphi_{E_{12}}=61°31'$$

根据以上数据即可绘出 P_1、P_2 点的点位误差椭圆以及 P_1、P_2 点间的相对误差椭圆。在绘制误差椭圆前，先按一定的比例尺绘制控制网图（图 5-9），然后再按求出的误差椭圆参数，以一定的比例尺，分别以 P_1、P_2 点为极绘制点位误差椭圆，以 P_1、P_2 连线的中点 O 为极绘制两点间的相对误差椭圆，如图 5-9 所示。

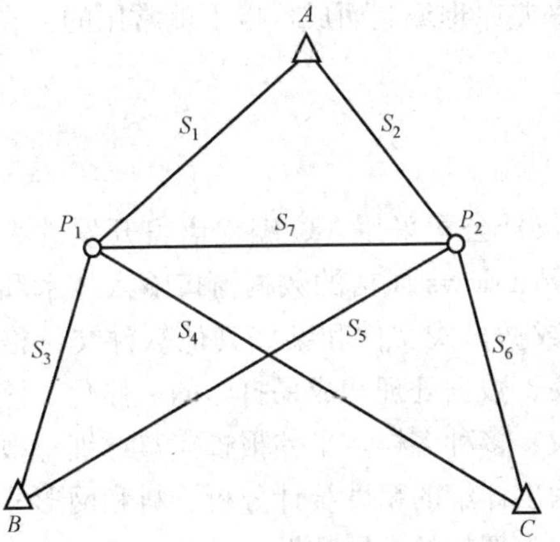

图 5-8

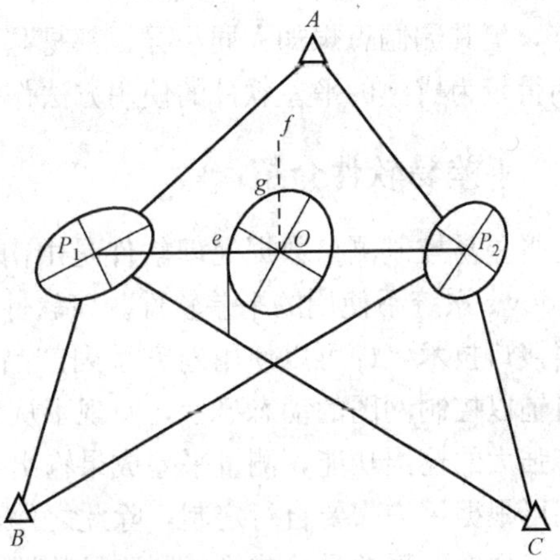

图 5-9

以上各节介绍了点位误差椭圆和两点间相对误差椭圆的做法和用途，在测量工作中，特别在精度要求较高的工程测量中，往往利用点位误差椭圆对布网方案进行精度分析。因为在确定点位误差椭圆的三个元素 φ_E、E 和 F 时，除了单位权中误差 σ_0 外，只需要知道各个协因数 Q_{ii} 的大小，而协因数阵 $\boldsymbol{Q}_{\hat{X}\hat{X}}$ 是相应平差问题的法方程式系数的逆阵。当在适当的比例尺的地形图上设计了控制网的点位以后，可以从图上量取各边边长和方位角的概略值，根据这些可以算出误差方程的系数，而观测值的权则可根据需要事先加以确定，因此可以求出该网的协因数阵 $\boldsymbol{Q}_{\hat{X}\hat{X}}$。另一方面，根据设计中所选定的观测仪器来确定单位权中误差 σ_0 的大小，从而估算出 φ_E、E 和 F 等数值。如果估算的结果符合工程建设对控制网所提出的精度要求，则可认为该设计方案是可采用的，否则，可改变设计方案，重新估算，以达到预期的精度要求。有时也可以根据不同设计方案的精度要求，同时考虑到各种因素，例如，建网的经费开支、施测工期的长短、布网的难易程度等，在满足精度要求的前提下，从中选择最优的布网方案。

第6章 测量平差软件应用

随着计算机软件在测绘学科中的广泛应用，测量平差计算由手工计算转为由计算机完成，从而大大地提高了作业效率。现今，国内的一些软件开发公司根据测绘生产的需要，开发了较多的实用测量平差软件，其中比较成熟的有武汉测绘科技大学武地课题组共同开发的科傻平差软件、清华山维公司开发的平差软件以及南方测绘仪器公司开发的平差易平差软件，除此之外，尚还有些个人和测绘生产单位自己开发编制的测量平差软件，这些软件各有特点，但其编制思想却大同小异，都是基于测量平差原理编制而成，以下就常用的、在生产中用得较为成熟的平差软件的使用方法作一介绍。

6.1 平差易软件介绍

平差易控制测量数据处理软件是由南方测绘仪器公司采用VC编程语言开发的一款在Windows系统下使用的平差软件。该软件采用了Windows风格的数据窗口输入技术和多种数据接口技术（即可以使用南方系列产品输出的数据格式文件和某些其他软件文件格式），同时辅以控制网图的动态显示，实现了从数据采集、数据处理和成果打印的一体化。该软件具有强大的输出功能，测量平差成果输出丰富强大、多种多样，平差报告完整详细，报告内容还可根据用户需要自行定制，除此之外，还可输出详细的精度统计分析资料和网形分析信息等，现今，平差易已成为控制测量数据平差的较为理想的常用数据处理软件工具。

6.1.1 平差易程序主界面介绍

启动平差易的执行程序后，即进入平差易程序的主界面（图6-1）。

PA2005程序主界面中包括软件工作区内的测站信息区、观测值信息区、控制网图形显示区以及控制菜单区的顶部下拉菜单和工具条等。以下对各部分作一简单介绍。

1. 软件工作区

软件工作区分为三个操作小区单元，分别为测站信息区、观测值信息区、控制网图形显示区。其中，图6-1中工作区的左上为测站信息区单元，在此单元可完成控制测量的测站点信息输入，包括已知起算控制点和待定控制点的相关信息输入。工作区的左下部分为各测站的观测数据信息单元，在此可如实将各站点的观测数据及相关测量信息逐一进行输入，以完成测量数据的录入工作。而在工作区的右测单元为所测控制网的控制网图形显示区，当输入完左测的测量信息数据后（或打开事先编辑好的、符合软件文件格式的测量数据信息文件），即可在此自动显示控制网图形信息。

2. 控制菜单

平差易的控制菜单与Windows系统下的应用软件的控制菜单基本相似，但又具有软件的自身特点，主要由顶部下拉菜单和工具条组成。所有PA2005的功能都包含在顶部的下拉菜单中，可以通过操作平差易下拉菜单来完成平差计算的所有工作。例如测量数据文件读入和保存、平差参数的设置、平差计算、成果输出等。另外还有软件的常用工具条。下面对各

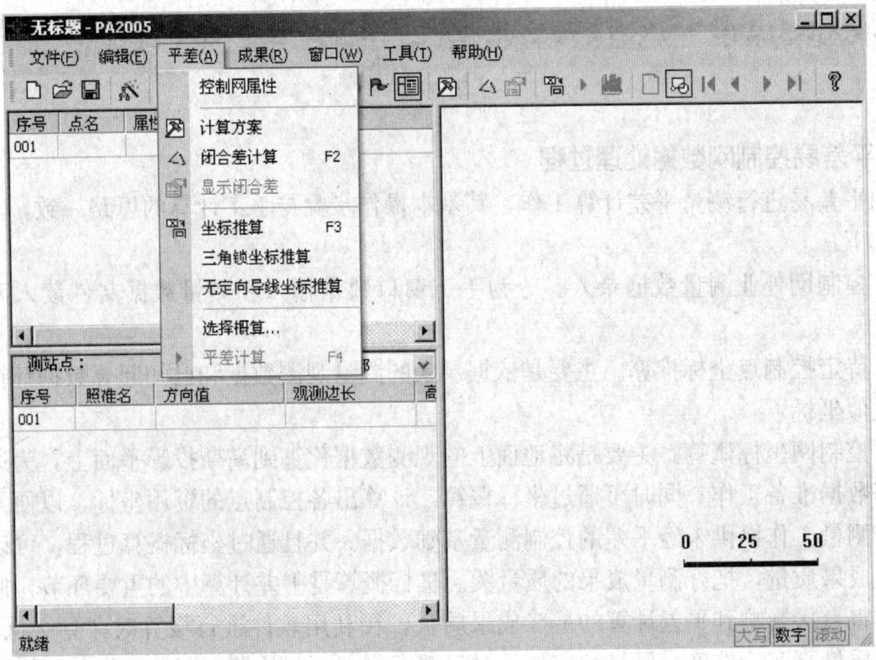

图 6-1

功能菜单及工具条进行简单介绍。

(1) 文件菜单。本菜单包括：平差文件的新建、打开、保存、导入、平差向导和打印等。其中的“平差向导”工具对初学者来说，极为实用，其可以向导的方式指导初学者使用平差软件，完成平差计算工作。

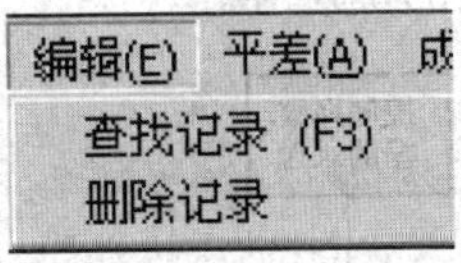

图 6-2

(2) 编辑菜单。包括查找记录、删除记录，如图 6-2 所示。

(3) 平差菜单。包括控制网属性、计算方案、闭合差计算、坐标推算、选择概算和平差计算等，如图 6-3 所示。

(4) 成果菜单。包括精度统计、图形分析、CASS 输出、WORD 输出、略图输出和闭合差输出等。当没有平差结果时该对话框为灰色。本菜单主要进行平差计算完成后的成果输出操作。

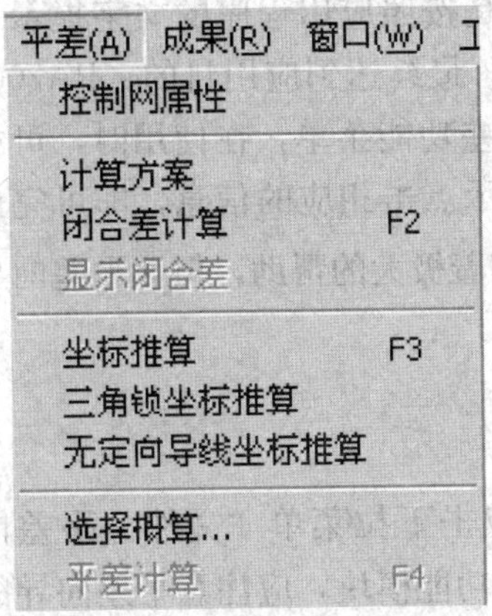

图 6-3

(5) 窗口菜单。包括平差报告、网图、报表显示比例、平差属性、网图属性等。

(6) 工具菜单。主要包括坐标换算、解析交会、大地正反算、坐标反算等。该菜单用于进行一些基本的测量计算，如前方交会数据计算、不同坐标体系下的坐标转换计算等。其中的“解析交会”下拉菜单具有二级下拉菜单。

(7) 常用工具条。主要包括本软件在进行平差计算时，经常使用的一些操作工具，如：保存、打印、视图显示、平差和查看平差报告等功能工具（图 6-4）。

图6-4

6.1.2 平差易控制网数据处理过程

使用平差易进行测量平差计算工作，其基本操作步骤与手工计算的思路一致，其计算操作步骤如下：

（1）控制网外业测量数据录入。分为手工窗口数据输入和测量数据文件读入两种录入方式。

（2）待定控制点坐标推算。主要是依据录入的测量观测数据和已知起算数据计算待定控制点的近似坐标。

（3）控制网坐标概算。主要是将地面上的观测数据化算到高斯投影平面上，为进行平差计算作好数据准备工作；同时可通过坐标概算，计算出各控制点的资用坐标，以便为后期的其他急需测量工作提供未经平差的控制测量基础数据。并且通过坐标概算过程，可以系统地检查外业成果质量，把好测量成果的质量关。坐标概算是平差计算中的重要环节，概算中若出现差错将直接影响到平差计算的最终成果质量，在利用软件进行概算时，务必认真负责，确保成果质量真实、准确、可靠和完整。对于精度要求不高的控制测量工作，也可不进行坐标概算，而直接进行下一步。

（4）选择计算方案。主要是确定平差计算的计算方案，包括验前精度的确定、控制网等级的确定等。

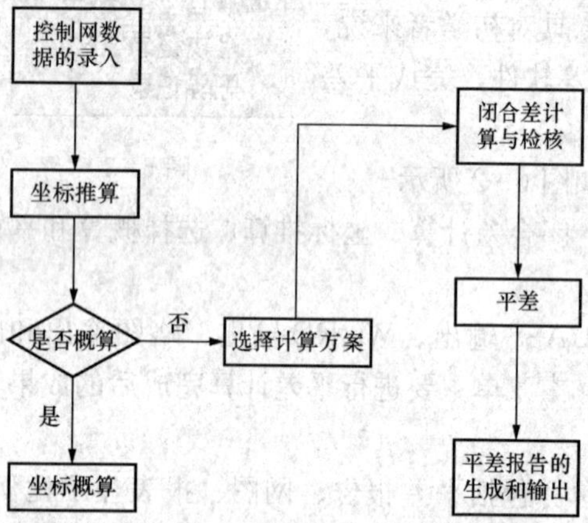

图6-5

（5）闭合差计算与检核。

（6）平差计算。在控制网闭合差满足精度要求后，即可利用该步按照确定的计算方案来进行控制网平差，以求得待定点坐标。

（7）平差报告的生成和输出。主要是形成平差成果报告，并打印输出，以便提交成果。

作业操作流程图如图6-5所示。

6.1.3 向导式平差

平差向导即是按照应用程序的文字提示一步一步操作下去，最终达到应用目的。PA2005提供了向导式平差功能菜单，在使用时，可根据向导的中文提示点击相应的信息，即可完成控制网数据处理的全部的操作工作。它对PA2005的初学者有着极大的帮助，但该平差向导只适用于对已经编辑好的平差数据文件进行平差。

向导式平差的操作步骤如下：

1. 进入平差向导

首先启动“南方平差易2005”执行程序，然后用鼠标点击下拉菜单“文件\平差向导”。如图6-6所示为“平差向导”界面，即可进入平差向导功能模块，应注意平差向导的中文提示和应用说明，并依据提示进行操作。

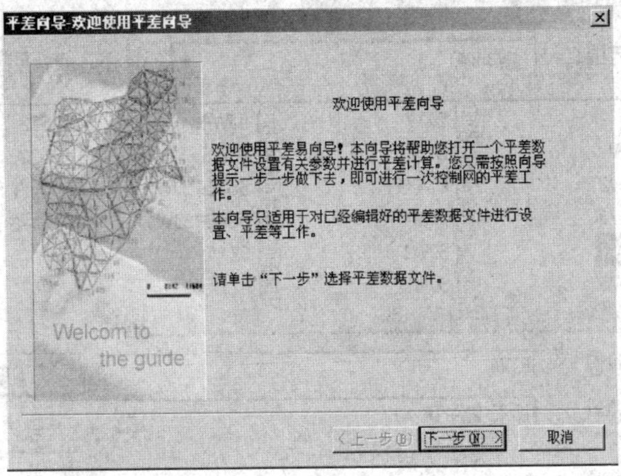

图 6 - 6

2. 选择平差数据文件

点击“下一步”进入平差数据文件的选择页面（图 6 - 7）。然后点击“浏览”来选择要平差的数据文件。

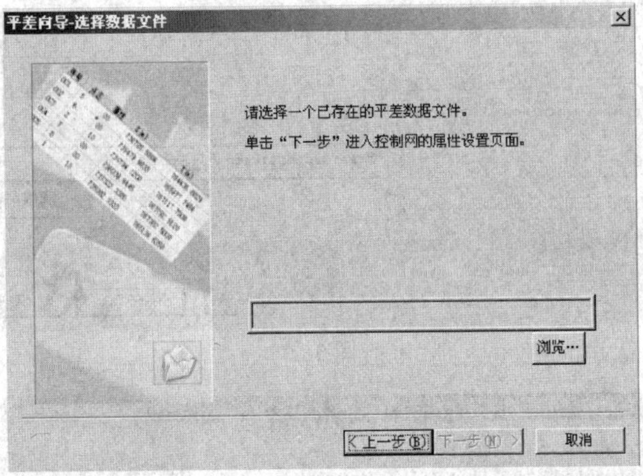

图 6 - 7

所选择的对象必须是已经编辑好的平差数据文件，如 PA2005 的 Demo 中“边角网 4”。对于数据文件的建立，PA2005 提供了两种方式：一是启动系统后，在指定表格中手工输入数据，然后点击“文件 \ 保存”生成数据文件；二是依照上节介绍的方法在 Windows 的“记事本”里手工编辑生成平差易软件所支持的文件格式的数据文件。

在图 6 - 8 的数据文件打开页面中，点中要进行平差的数据文件，点击“打开”即可调入该选中的数据文件（图 6 - 9）。

3. 设置控制网的相关属性

调入平差数据后点击“下一步”即可进入控制网属性设置界面（图 6 - 10）。

该功能将自动调入平差数据文件中控制网的设置参数，如果数据文件中没有设置参数则此对话框为空，同时也可对控制网属性进行添加和修改，向导处理完后该属性将自动保存在

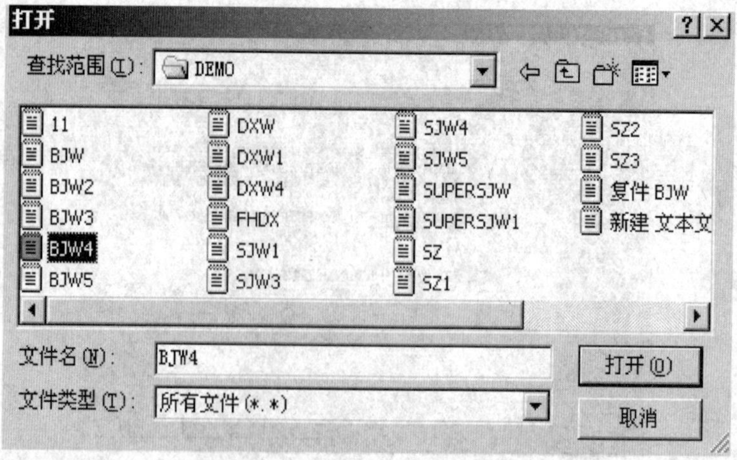
打开
查找范围(I): DEMO
11
BJW
BJW2
BJW3
BJW4
BJW5
DXW
DXW1
DXW4
FHDX
SJW1
SJW3
SJW4
SJW5
SUPERSJW
SUPERSJW1
SZ
SZ1
SZ2
SZ3
复件 BJW
新建 文本文
文件名(N): BJW4
文件类型(T): 所有文件(*.*)
打开(O)
取消

图6-8

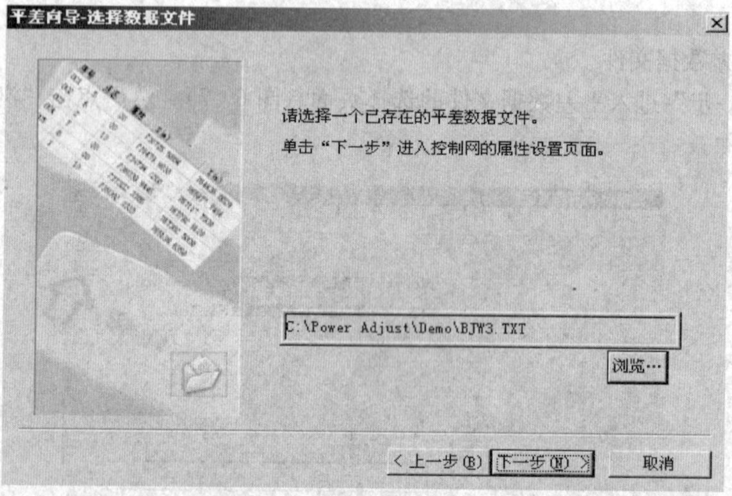
平差向导-选择数据文件
请选择一个已存在的平差数据文件。
单击“下一步”进入控制网的属性设置页面。
C:\Power Adjust\Demo\BJW3.TXT
浏览…
< 上一步(B)
下一步(N) >
取消

图6-9

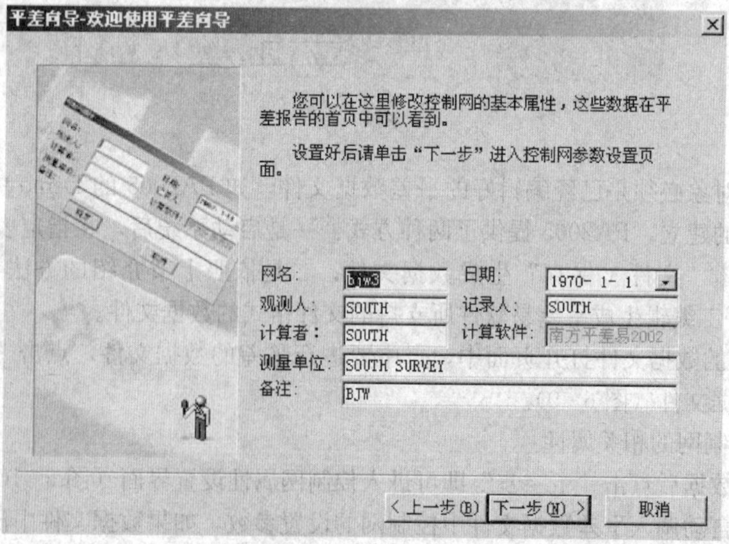
平差向导-欢迎使用平差向导
您可以在这里修改控制网的基本属性，这些数据在平差报告的首页中可以看到。
设置好后请单击“下一步”进入控制网参数设置页面。
网名: bjw3
日期: 1970- 1- 1
观测人: SOUTH
记录人: SOUTH
计算者: SOUTH
计算软件: 南方平差易2002
测量单位: SOUTH SURVEY
备注: BJW
< 上一步(B)
下一步(N) >
取消

图6-10

平差数据文件中。设置好后，点击“下一步”进入计算方案的设置界面。

4. 计算方案设置

进入计算方案设置界面后（图 6 - 11），即可对平差计算的一系列参数进行设置，如：验前单位权中误差、测距仪固定误差、测距仪比例误差等。该向导将自动调入平差数据文件中计算方案的设置参数，如果数据文件中没有该参数则此对话框为默认参数（2.5、5、5），同时也可对该参数进行编辑和修改，向导处理完后该参数将自动保存在平差数据文件中。

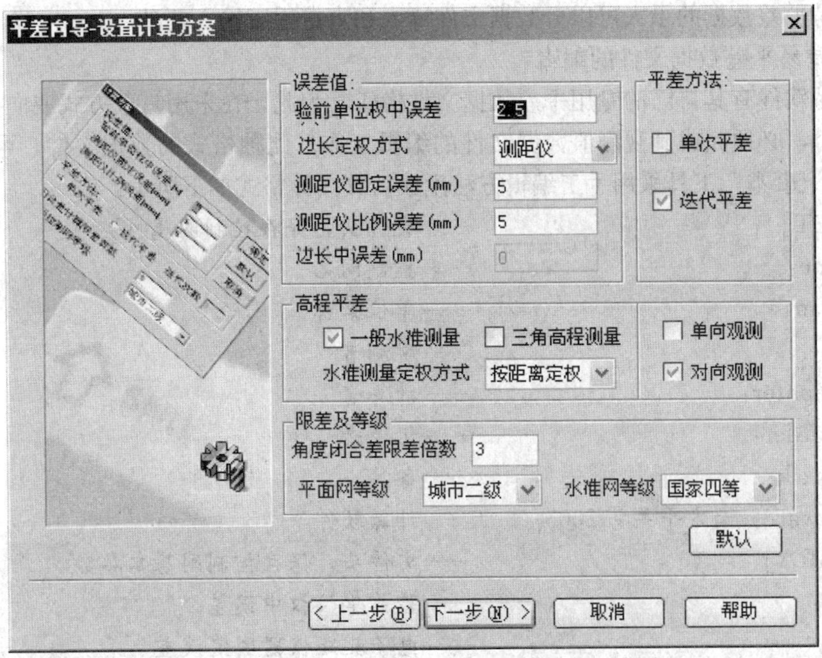

图 6 - 11

参数确定好后，然后点击“下一步”进入平差概算页面（图 6 - 12）。

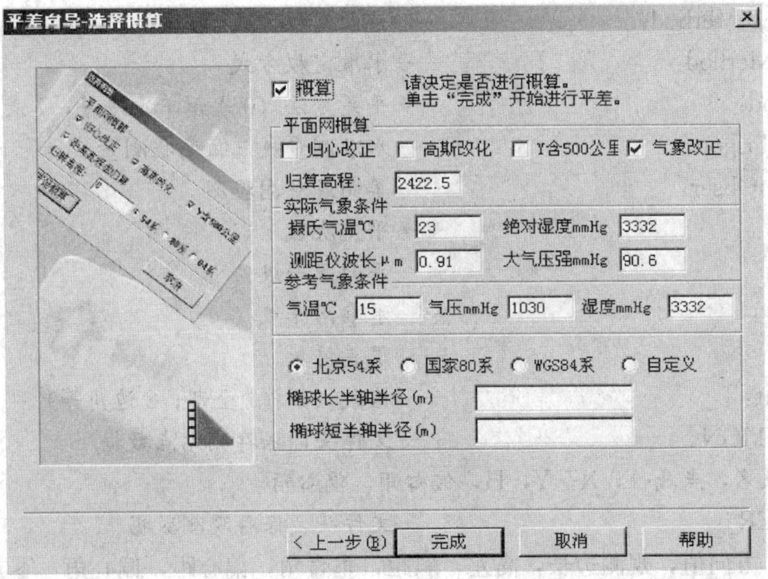

图 6 - 12

5. 概算

概算是对观测值的改化包括边长、方向和高程的改正等。当需要概算时就在“概算”前打“□”，然后选择需要概算的内容。

点击“完成”则整个向导的数据处理完毕，随后就回到南方平差易2005的界面，在此界面中就可查看该数据的平差报告以及打印和输出。

6.1.4 平差易平差的数据文件准备

平差易平差数据的录入可以分数据文件读入和直接手工输入两种。

1. 平差易平差数据文件的编辑

平差易软件有其自己的专用平差数据文件格式，为此，在采用打开方式或向导平差方法进行平差时，必须完成其观测值数据文件的编辑工作。此种格式的数据文件，可利用Windows的“记事本”工具采用手工编辑方法生成。其具体格式如下所示：

[NET] ——文件头，保存控制网属性
Name： ——控制网名
Organ： ——单位名称
Obser： ——观测者
Computer： ——计算者
Recorder： ——记录者
Remark： ——备注
Software：南方平差易2005 ——计算软件
[PARA] ——文件头，保存控制网基本参数
MO： ——验前单位权中误差
MS： ——电子测距仪器固定误差
MR： ——电子测距仪器比例误差
DistanceError： ——边长中误差
DistanceMethod： ——边长定权方式
LevelMethod： ——水准定权方式
Method： ——平差方法（0表示单次平差，1表示迭代平差）
LevelTrigon： ——水准测量或三角高程测量
TrigonObser： ——单向或对向观测
Times： ——平差次数
Level： ——平面网等级
Level1： ——水准网等级
Limit： ——限差倍数
Format： ——格式（如：1全部；2边角等）
[STATION] ——文件头，保存测站点数据
测站点名，点属性，X，Y，H，偏心距，偏心角
[OBSER] ——文件头，保存观测数据
照准点，方向值，观测边长，高差，斜距，垂直角，偏心距，偏心角，零方向值

务必注意：进行该格式文件编辑时，[STATION]中的点属性指的是控制点的属性，

应如实表达，否则无法进行平差计算。其中，00 表示高程、坐标都未知的点，即待定控制点；01 表示高程已知而平面坐标未知的点，10 表示平面坐标已知而高程未知的点；11 表示高程和平面坐标均已知的点，即起算控制点的三维坐标均已知。

在输入测站点数据和观测数据中，中间空的数据用“,”分隔，如果在最后一个数据后面已没有观测数据，可以省略“,”。例如观测数据：A,，100，1.023 表示照准点是 A 点，观测边长为 100m，观测高差为 1.023m。可以看出观测高差后的其余观测数据省略，而方向值用“,”分隔。

按此格式完整编辑好的数据文件，读入 PA2005 后，即可直接进行平差。编辑此数据文件时也可不编辑［NET］，［PARA］的内容，只编辑［STATION］和［OBSER］的内容，将数据读入到 PA2005 中后，在 PA2005 中进行诸如网名、平差次数等参数的设置，设置完后再进行平差计算。

2. 控制网平差观测数据的手工输入

平差易为手工数据键入提供了一个电子表格，其以“测站”为基本单元进行操作，键入过程中软件将自动推算其近似坐标和绘制控制网形图，如图 6-13 所示。

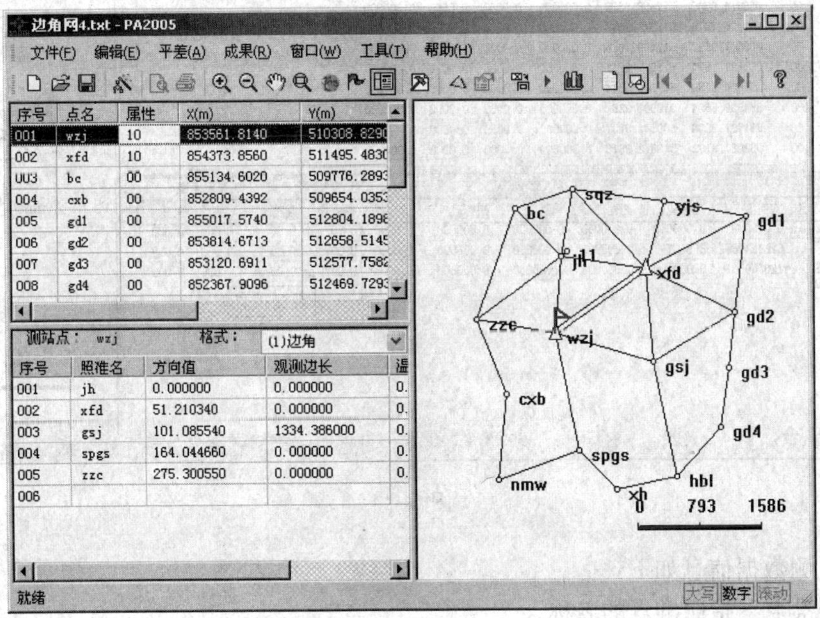

图 6-13

下面介绍其具体的手工键入数据信息的方法。

（1）测站点信息数据的录入。首先，在测站信息区中输入已知点信息（点名、属性、坐标）和测站点信息（点名）。该部分信息对应内容如下：

1）“序号”指已输测站点个数，它会自动叠加。

2）“点名”指已知点或测站点的名称。

3）“属性”用以区别已知点与未知点：00 表示该点是未知点，10 表示该点是平面坐标而无高程的已知点，01 表示该点是无平面坐标而有高程的已知点，11 表示该已知点既有平面坐标也有高程。

4）“X、Y、H”分别指该点的纵、横坐标及高程（X：纵坐标，Y：横坐标）。

5）“仪器高”指该测站点的仪器高度，它只有在三角高程的计算中才使用。

6）“偏心距、偏心角”指该点测站偏心时的偏心距和偏心角。（不需要偏心改正时则可不输入数值）

（2）观测数据信息录入。测站信息录入无误后，即可在观测信息区中输入每个测站点的观测信息。如图6-14所示为其某测站的观测数据录入页面。观测信息与测站信息是相互对应的，当某测站点被选中时，观测信息区中就会显示当该点为测站点时所有的观测数据。故当输入了测站点时需要在观测信息区的电子表格中输入其观测数值。第一个照准点即为定向，其方向值必须为0，而且定向点必须是唯一的。

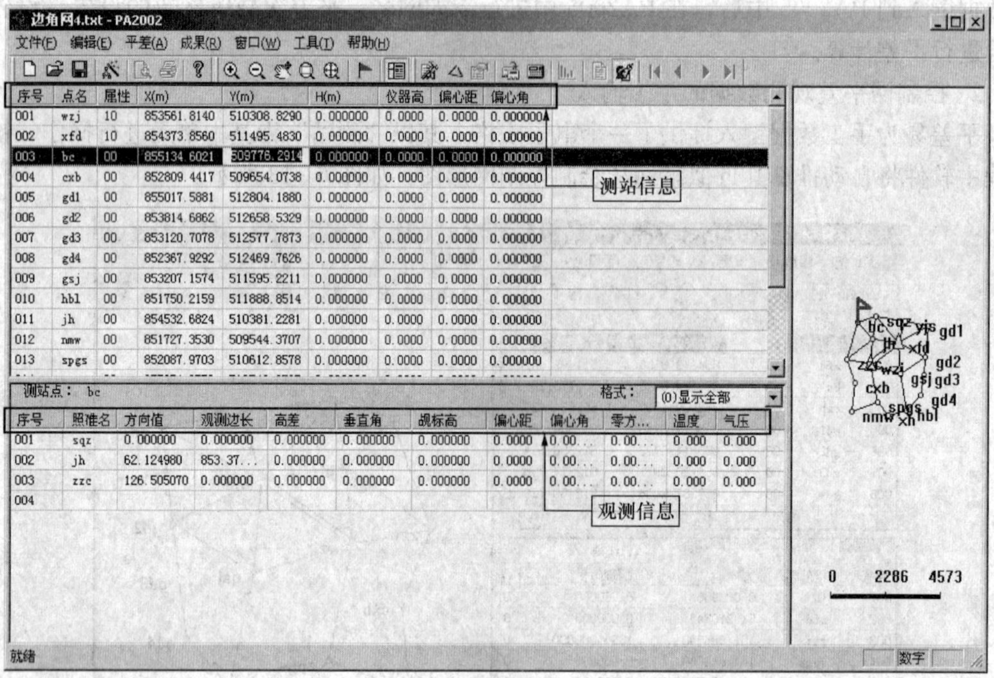

图6-14

具体观测数据信息如下：

1）“照准名”指照准点的名称。

2）“方向值”指观测照准点时的方向观测值。

3）“观测边长”指测站点到照准点之间的平距。（在观测边长中只能输入平距）

4）“高差”指测站点到观测点之间的高差。

5）“垂直角”指以水平方向为零度时的仰角或俯角。

6）“站标高”指测站点观测照准点时的棱镜高度。

7）“偏心距、偏心角、零方向角”指该点照准偏心时的偏心距和偏心角。（不需要偏心改正时则可不输入数值）

8）“温度”指测站点观测照准点时的当地实际温度。

9）“气压”指测站点观测照准点时的当地实际气压。（温度和气压只参入概算中的气象

改正计算）

6.1.5　平差过程基本操作

1. 打开数据文件

用鼠标左键单击菜单“文件＼打开”，在下图“打开文件”对话框中找到编辑好的数据文件或手工键入完成后保存的数据文件，然后按“打开”，即可调入数据信息，以开始平差计算。如图 6－15 所示，为一三角高程导线 . txt。

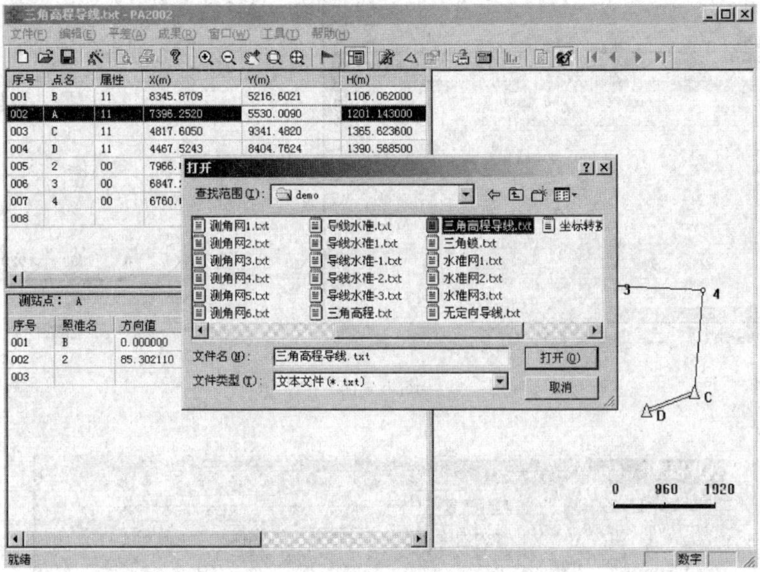

图 6－15

2. 近似坐标推算

根据已知条件（测站点信息和观测信息）推算出待测点的近似坐标，作为构成动态网图和导线平差作基础。

用鼠标点击下拉菜单“平差＼推算坐标”即可进行坐标的推算，如图 6－16 所示。

每次打开一个已有数据文件时，PA2005 会自动推算各个待测点的近似坐标，并把近似坐标显示在测站信息区内。当数据输入或修改原始数据时则需要用此功能重新进行坐标推算。

3. 选择概算

概算过程主要是对观测数据进行一系列的改化，根据实际的需要来选择其概算的内容并进行坐标的概算，如图 6－17 所示。

概算选择的可选项目有：归心改正、气象改正、方向改化、边长投影改正、边长高斯改化、边长加乘常数改正和 Y 含 500 公里等。若需要参与概算时就在项目前打“□”即可，并确定好概算的各项可选项目。

概算结束后提示如图 6－18 所示。

点击“是”后，可将概算结果保存为 txt 文本。

4. 选择计算方案

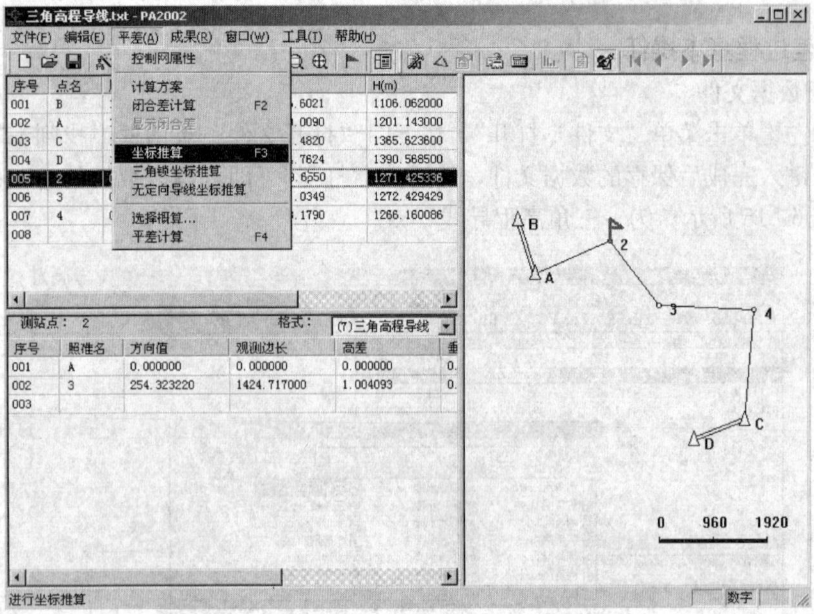

图6-16

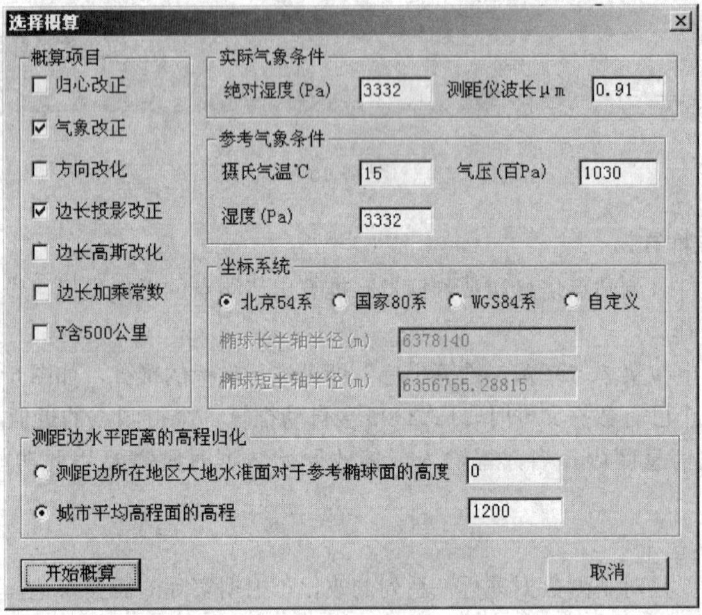

图6-17

该功能主要是选择控制网的等级、参数和平差方法。

如三角网和三角高程网并存的控制网，一般处理过程应为：先进行平面网处理，然后在高程网处理时PA2005会使用已经较为准确的平面数据（如距离等）来处理高程数据。对精度要求很高的平面高程混合网，也可以在平面和高程处理间多次切换，迭代出精确的结果。

（1）平面控制网的等级的选择。PA2005提供的平面控制网等级有：国家二等、三等、四等，城市一级、二级，图根控制及自定义方式。

图6-18

(2) 边长定权方式：包括测距仪、等精度观测和自定义。一般是根据实际情况选择定权方式。

1) 测距仪定权：通过测距仪的固定误差和比例误差计算出边长的权。

“测距仪固定误差”和“测距仪比例误差”是测距仪的检测常数，它根据测距仪的实际检测数值（单位为毫米）来输入的（此值不能为零或空）。

2) 等精度观测：是指控制网外业观测中，各条边的观测精度相同，权也相同。

3) 自定义：即自定义边长中误差。此中误差为整个网的边长中误差，它可以通过每条边的中误差来计算。

(3) 平差方法有单次平差和迭代平差两种。

1) 单次平差：只进行一次普通平差，不进行粗差分析。

2) 迭代平差：不修改权而仅由新坐标修正误差方程。

(4) 高程平差：包括一般水准测量平差和三角高程测量平差。当选择水准测量时其定权方式有两种：一种是按距离定权，另一种是按测站数定权。

1) 按距离定权：按照各测段的距离来定权。

2) 按测站定权：按照测段内的测站数（即设站数）来定权，在观测信息区的“观测边长”框中输入测站数。注意：软件中观测边长和测站数不能同时存在。

3) 单向观测：每一条边只测一次。一般只有直觇，没有反觇。

4) 对向观测：每一条边都要往返测。既有直觇，又有反觇。（单向观测和对象观测只在高程平差时有效）

5) 闭合差计算限差倍数：闭合导线的闭合差容许超过限差（$M\sqrt{N}$）的最大倍数。

水准高差闭合差限差：规范容许的最大水准高差闭合差。其计算公式：$n\times\sqrt{L}$，其中 n 为可变的系数（根据不同的水准等级相应取值），L 为水准路线总长，以千米为单位。如果在“水准高差闭合差限差”前打“□”可输入一个高程固定值作为水准高差闭合差。

三角高程闭合差限差：规范容许的最大三角高程闭合差。其计算公式：$n\times\sqrt{[N^2]}$，其中 n 为可变的系数（根据不同的规范要求相应取值），N 为测段长度，以千米为单位，$[N^2]$ 为测段距离平方和。

6) 大气折光系数：主要用来改正大气折光对三角高程的影响，其计算公式：$\Delta H=\frac{1-K}{2R}S^2$，其中 K 为大气垂直折光系数（一般为0.10～0.14），S 为两点之间的水平距离，R 为地球曲率半径。此项改正只对三角高程起作用。

5. 闭合差计算与检核

根据观测值和“计算方案”中的设定参数来计算控制网的闭合差和限差，从而来检查控制网的角度闭合差或高差闭合差是否超限，同时检查分析观测粗差或误差。点击“平差\闭合差计算”，如图6-19所示。

左边的闭合差计算结果与右边的控制网图是动态相连的（右图中用红色表示闭合导线或中点多边形），它将数和图有机的结合在一起，使计算更加直观、检测更加方便。其中：“限

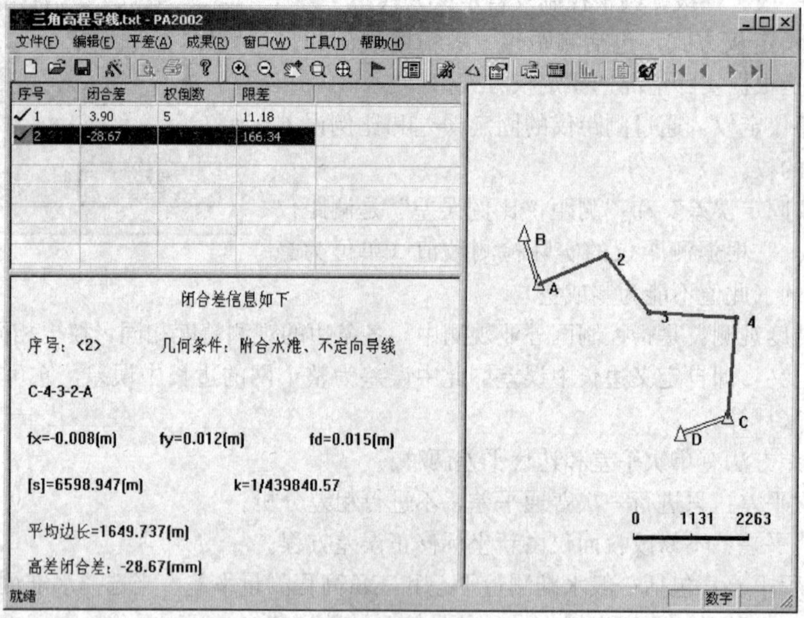

图 6-19

差”：其值为权倒数开方×限差倍数×单位权中误差（平面网为测角中误差）。对导线网，闭合差信息区包括 fx、fy、fd、K、最大边长，平均边长以及角度闭合差等信息。若是无定向导线则无 fx、fy、fd、K 等项。闭合导线中若边长或角度输入不全也没有 fx、fy、fd、K 等项。

在闭合差计算过程中，“序号”前面“!”表示该导线或网的闭合差超限，“□”表示该导线或网的闭合差合格，“X”则表示该导线没有闭合差。

若在计算闭合导线的闭合差时，其闭合差中没有 fx、fy、fd、[s]、k 和平均边长等项，其主要原因为该闭合导线数据输入中边长或角度输入不全（要输入所有的边长和角度）。

也就是说，通过闭合差可以检核闭合导线是否超限，甚至可检查到某个点的角度输入是否有错。

6. 平差计算

最后，用鼠标点击菜单“平差\平差计算”即可进行控制网的平差计算。平面网可按“方向”或“角度”进行平差，它是根据验前单位权中误差（单位：度、分、秒）和测距的固定误差（单位：米）及比例误差（单位：百万分之一）来计算，如图 6-20 所示。

6.1.6 平差报告的生成与输出

1. 精度统计表

单击图 6-20 中菜单栏“成果\精度统计”即可进行该控制网观测数据的精度分析，精度统计结果如图 6-21 所示。

精度统计主要统计在某一误差分配的范围内点的个数。在此直方图统计表中，可以看出在误差 2～3cm 区分配的点最多为 11 个点，在 0～1cm 区分配的点有 3 个。而线形图统计表

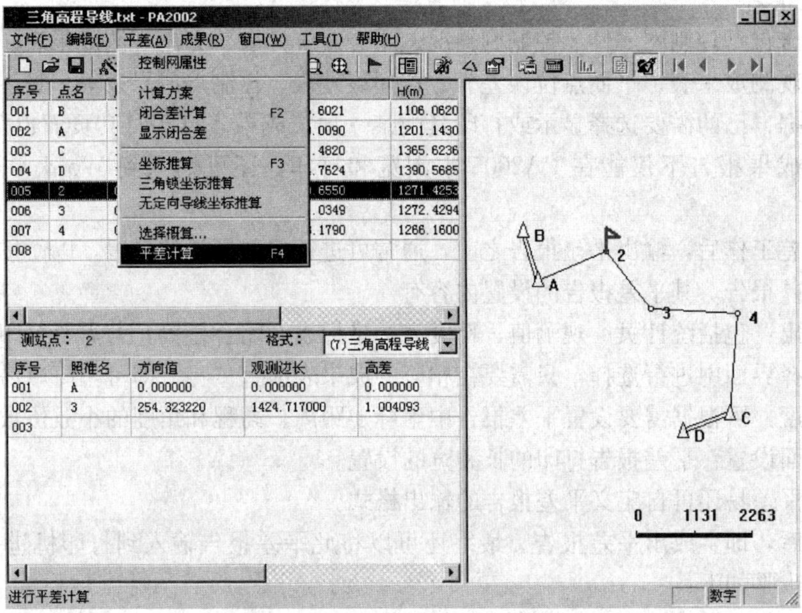

图 6-20

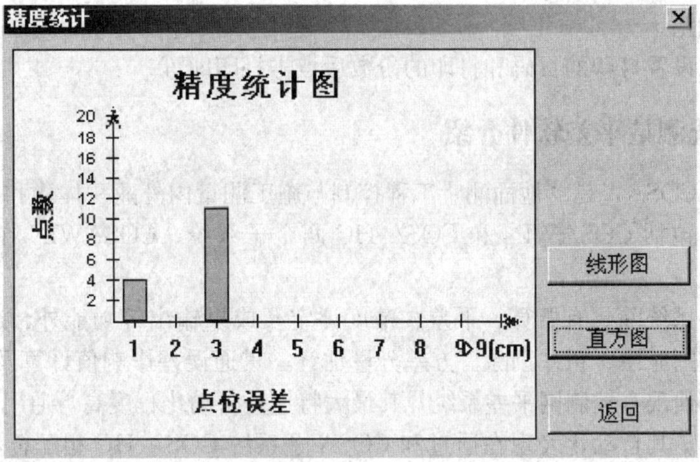

图 6-21

中有误差点的线性变化。

2. 网形分析

单击图 6-20 中菜单栏“成果＼网形分析”即可进行控制网图形分析。主要是对控制网形图的以下几项信息进行分析：

控制网的最弱信息：分析出控制网中的最弱点（离已知点最远的点）、最弱边（离起算数据最远的边）信息。

边长信息：能给出总边长、平均边长、最短边长、最大边长等边长信息。

角度信息：给出控制网中的最小角度、最大角度信息。（测量的最小或最大夹角）

3. 平差报告

平差报告包括控制网属性、控制网概况、闭合差统计表、方向观测成果表、距离观测成果表、高差观测成果表、平面点位误差表、点间误差表、控制点成果表等。具体提交平差报告时，可根据自己的需要选择显示或打印其中某一项，成果表打印时其页面也可自由设置。生成的平差成果报告不仅能在 PA2005 中浏览和打印，还可输入到 Word 中进行保存和管理。

完成平差工作后，输出平差报告之前，通常可进行报告属性的设置，以便按照自己的要求来生成平差报告。其平差报告的设置内容有：

成果输出：包括统计页、观测值、精度表、坐标表、闭合差等，若需要打印某种成果表时，可在选择界面中进行选择，只需要在相应的成果表前打“□”即可，简单易行。

输出精度：可根据需要设置平差报告中坐标、距离、高程和角度的小数位数。

打印页面设置：平差报告打印的长和宽的设置。

另外，平差易还可自定义平差报告的输出格式。

设置好后，即生成出平差报告。最终还可以将此平差报告输入到打印机进行报告的打印。其打印步骤如下：

（1）选取打印对象。在平差报告属性中设置打印内容。

（2）激活平差报告。在平差报告区中点击一下鼠标即可激活平差报告。

（3）进行打印机设置。设置打印机的路径以及打印纸张大小和方向。

（4）打印预览。

（5）打印。设置打印的页码和打印的份数后点击打印即可。

6.2 科傻系统测量平差软件介绍

科傻系统（COSA）是“地面测量工程控制与施工测量内外业一体化和数据处理自动化系统”的简称，包括 COSAWIN 和 COSA-HC 两个子系统。COSAWIN 在 IBM 兼容机上运行。

COSAWIN 系统除具有概算、平差、精度评定及成果输出等功能外，还提供了许多实用的功能，如网图显绘、粗差剔除、方差分量估计、贯通误差影响值计算及闭合差计算等。该系统不同于其他现有控制网平差系统，其最大特点是自动化程度高，通用性强，处理速度快，解算容量大。其自动化表现在通过和 COSA 子系统 COSA-HC 相配合，可以做到由外业数据采集、检查到内业概算、平差和成果报表输出的自动化数据处理流程；其通用性表现在对控制网的网形、等级和网点编号没有任何限制，可以处理任意结构的水准网和平面网，无须给出冗余的附加信息；其解算速度快，解算容量大表现在采用稀疏矩阵压缩存储、网点优化排序和虚拟内存等技术，在主频 166MHz 的 586 微机上，解算 500 个点的平面和水准控制网不到 1 分钟；在具有 20MB 剩余硬盘空间的微机上，可以解算多达 5000 个点的平面控制网。

6.2.1 科傻平差程序主界面介绍

启动科傻地面控制测量数据处理系统的执行程序后，即进入如图 6-22 所示的系统界面，所有操作均符合 Windows 操作规范。

科傻程序主界面中包括系统菜单栏、常用工具栏和状态栏等。以下对常用的菜单选项作

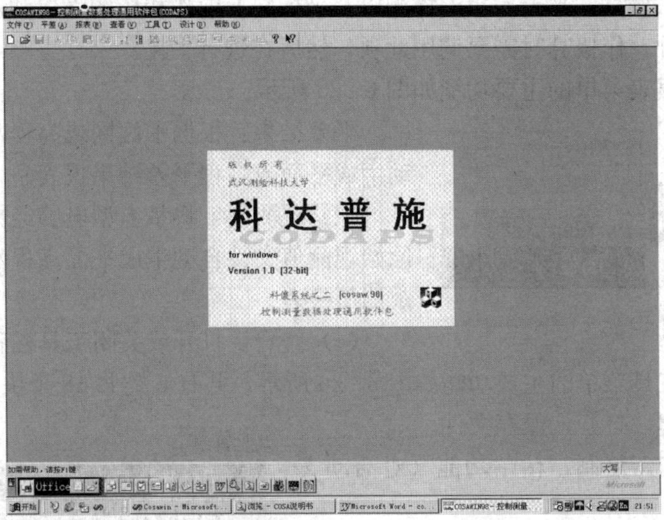

图 6 - 22

一简单介绍。

(1) 文件。文件菜单的主要功能如图 6 - 23 所示。

新建：新建文本文件，如平面观测文件等。

打开：打开任意文件。

打印设置：打印机设置，单击将打开 WINDOWS 打印机设置对话框。

(2) 平差。平差菜单的主要功能如图 6 - 24 所示。

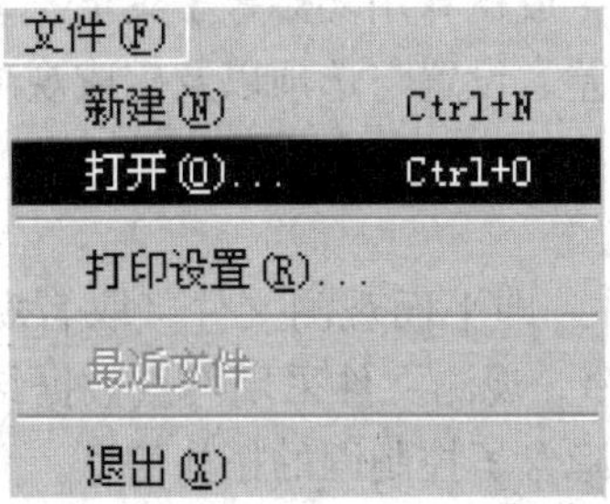

图 6 - 23

图 6 - 24

平面网：对平面网进行平差。单击将打开“输入平面观测值文件”对话框，选择平面观测值文件进行平面网平差。

高程网：对水准（高程）网进行平差。单击将打开“打开”对话框，选择水准（高程）观测值文件进行高程平差。

粗差探测：自动探测平面控制网观测值中的粗差，若发现粗差则自动剔除之。

方差分量估计：对于平面网中一组或有多组不同种类或（和）精度观测值的情况，通过方差分量估计，可以使各组观测值的精度获得最佳估计，保证平差随机模型和成果的正确性。

设置与选项：概算、平差、粗差探测以及坐标转换前作相应的设置和选项。

生成概算文件：作概算时需要调用此项，然后在进行平差。

(3) 报表。报表菜单的主要功能如图6-25所示。

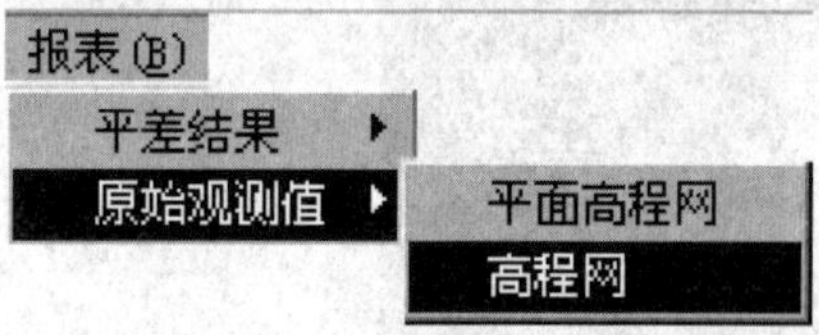

图6-25

平差结果：根据平面网或高程网平差结果文件自动生成平面或高程平差结果报表。

原始观测值：将掌上型电脑经数据通信所得到的原始观测值文件自动生成平面高程网或高程网的原始观测值报表。

(4) 查看。打开或关闭工具栏和状态栏。

(5) 工具。工具菜单的主要功能如图6-26所示，共有6类共18个快捷按钮，即

文件类：新建，打开，保存文件。

编辑类：剪切，复制，粘贴功能（对活动文档有效）。

打印类：打印当前活动文档（包括图形）。

平差类：平面网平差，高程网平差，平面网网图显绘。

平面网网图显绘类：图形放大、缩小，开窗放大，返回前级，切换误差椭圆、点名和比例显示。

关于类：显示系统关于信息。

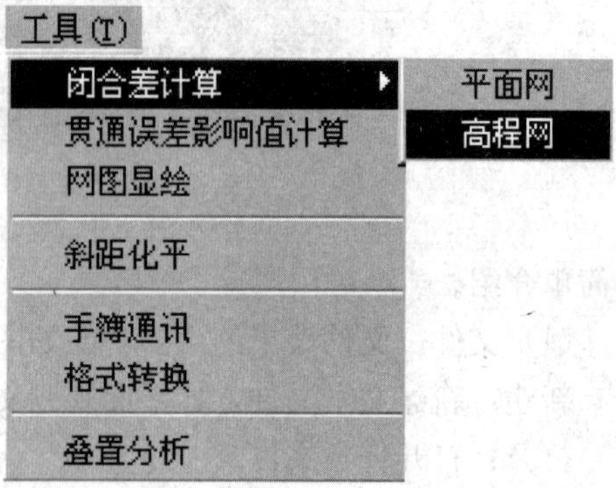

图6-26

6.2.2 科傻控制网数据处理过程

使用COSAWIN最常用的操作就是进行控制网平差处理，该菜单下包括平面网、高程网平差，粗差探测，方差分量估计，设置与选项以及生成概算用文件等子菜单。本章主要介绍平面、高程控制网观测值文件的结构及生成、网平差、设置与选项以及生成观测值概算文件等内容。粗差探测和方差分量估计在此不予介绍。

1. 控制网观测文件

在进行平差之前，必须要准备好控制网观测文件，即平面观测文件（取名规则为“网名.in2”）和高程观测文件（取名规则为“网名.in1”）。观测文件采用网点数据结构，除包含控制网的所有已知点、未知点和观测值信息外，还隐含了控制网的拓扑信息。

可以使用系统菜单中“文件”栏下拉“新建”子菜单项或单击工具栏左边第一个快捷键建立平面或高程观测文件。

(1) 平面观测文件。平面观测文件为标准的ASCⅡ码文件，可以使用任何文本编辑器建立编辑和修改。其结构如下：

文件第一部分：

方向中误差1，测边固定误差1，比例误差1，精度号1

方向中误差2，测边固定误差2，比例误差2，精度号2

…，…，…，…

方向中误差n，测边固定误差n，比例误差n，精度号n

已知点点号，X坐标，Y坐标

…，…，…

文件第二部分：

测站点点号

照准点点号，观测值类型，观测值［，观测值精度］

…，…，…［，…］

该文件分为两部分：第一部分为控制网的已知数据，包括先验的方向观测精度，先验测边精度和已知点坐标（见文件的第一部分部分）；第二部分为控制网的测站观测数据（见文件的第二部分），包括方向、边长、方位角观测值。为了文件的简洁和统一，我们将已知边和已知方位角也放到测站观测数据中，它们和相应的观测边和观测方位角有相同的“观测值类型”，但其精度值赋“0”，即权为无穷大。

第一部分的排列顺序为：第一行为方向中误差，测边固定误差，测边比例误差。若为纯测角网，则测边固定误差和比例误差不起作用；若为纯测边网，方向误差也不起作用，这时可输一个默认值“1”。程序始终将第一行的方向中误差值作为单位权中误差。若只有一种（或称为一组）测角、测边精度，则可不输入精度号。这时，从第二行开始为已知点点号及其坐标值，每一个已知点数据占一行。若有几种测角测边精度，则需按精度分组，组数为测角、测边中最多的精度种类数，每一组占一行，精度号输 1、2、…。如两种测角精度，三种测边精度，则应分成三组。

方向中误差单位为秒，测边固定误差单位为毫米，测边比例误差单位为百万分之一。第一行的三个值都必须赋值，对于纯测角网，测边的固定误差和比例误差可输任意两个数值，如5，3；对于纯测边网，方向中误差赋为 1.0。已知点点号（或点名，下同）为字符型数据，可以是数字、英文字母（大小写均可）、汉字或它们的组合（测站点，照准点亦然），X、Y 坐标以米为单位。

第二部分的排列顺序为：第一行为测站点点号，从第二行开始为照准点点号，观测值类型，观测值和观测值精度。每一个有观测值的测站在文件中只能出现一次。没有设站的已知点（如附和导线的定向点）和未知点（如前方交会点）在第二部分不必也不能给出任何虚拟测站信息。观测值分三种，分别用一个字符（大小写均可）表示：L—表示方向，以度分秒为单位；S—表示边长，以米为单位；A—表示方位角，以度分秒为单位。观测值精度与第一部分中的精度号相对应，若只有一组观测精度，则可省略；否则在观测值精度一栏中须输入与该观测值对应的精度号。已知边长和已知方位角的精度值一定要输“0”。在同测站上的方向和边长观测值按顺时针顺序排列，边角同测时，边长观测值最好紧放在方向观测值的后面。

如果边长是单向观测，则只需在一个测站上给出其边长观测值。若是对向观测的边，则按实际观测情况在每一测站上输入相应的边长观测值，程序将自动对往返边长取平均值并作限差检验和超限提示；如果用户已将对向边长取平均值，则可对往返边长均输入其均值，或第一个边长（如往测）输均值，第二个边长输一个负数如“−1”。对向观测边的精度高于单向观测边的精度，但不增加观测值个数。

平面观测文件中的测站顺序可以任意排列，一般来说不会影响平差效率和结果，但本软件包还特意提供了观测值文件排序（网点优化排序）的功能，通过优化排序，既有利于网点近似坐标的推算，也可提高解算容量和速度，但一般对于 200 个点以上的大网或一些特殊网才有较明显的效果。

对某一测角网（仅一组精度的情况），其相应的平面观测文件＊.IN2”的数据格式如下所示：

0.7，3，3
1，3730958.610，264342.591
2，3714636.8876，276866.0832
1
2，L，0
3，L，27.362557
6，L，83.435791
2
4，L，0
3，L，74.593577
1，L，105.481560
4
5，L，0
3，L，41.334905
2，L，77.283653
5
6，L，0
3，L，58.405347
4，L，155.514999 7
6
1，L，0
3，L，57.240198
5，L，117.072390
3
1，L，0
2，L，121.345421
4，L，190.403024
5，L，231.554475
6，L，293.313088

对于有多组测角、测边精度的网，其平面观测文件如下所示：

1.800，3.000，2.000，1
3.000，5.000，3.000，2
5.000，5.000，5.000，3
k1，2800.000000，2400.000000
k4，2400.000000，3200.000000

……
k1
k2，L，0.0000，1
k5，L，44.595993，1
k6，L，89.595993，1
k7，L，135.000120，1
k4
p5，L，0.0000，2
p5，S，200.004728，2
p3，L，90.000031，2
……

(2) 高程观测文件。高程观测文件也是标准的ASCⅡ码文件，它的结构如下：

第一部分：

已知点点号，已知点高程值

…，…

第二部分：

测段起点，终点，高差，距离，测段测站数，精度号

………… [，…]

该文件的内容也分为两部分：第一部分为高程控制网的已知数据，即已知高程点点号及其高程值（见文件的第Ⅰ部分）；第二部分为高程控制网的观测数据，它包括测段的起点点号，终点点号，测段高差，测段距离、测段测站数和精度号（见文件的第Ⅱ部分）。

第一部分中每一个已知高程点占一行，已知高程以米为单位，其顺序可以任意排列。第二部分中每一个测段占一行，对于水准测量，两高程点间的水准线路为一测段，测段高差以米为单位，测段距离以公里为单位。对于光电测距三角高程网，测段表示每条光电测距边，测段距离为该边的平距（单位公里）。如果平差时每一测段观测按距离定权，则“测段测站数”这一项不要输入或输入一个负整数如－1。若输了测站测段数，则平差时自动按测段测站数定权。该文件中测段的顺序可以任意排列。当只有一种精度时，精度号可以不输。对于多种精度（多等级）的水准网，第一部分的前面还要增加几行，每行表示一种精度，有三个数据，即：

水准等级，每公里精度值（单位mm/km），精度号。

某水准网其相应水准路线观测完成后，其相应的高程观测文件如下所示：

TP1 100
Z5 TP1 0.0585 1.000
Z5，Z6，0.0683，1.000
Z6，Z5，0.0634，1.000
Z6，A4，0.0683，1.000
Z6，Z7，0.0489，1.000

TP1，A2，0.0320，1.000

TP1，A3，40.1607，1.415

TP1，A4，0.0562，1.000

A3，TP1，−39.8801，1.415

A2，TP1，0.0732，1.000

A4，Z6，0.0780，1.000

A4，TP1，0.0683，1.000

对高程网而言，其按距离定权、按测站数定权和多等级水准网的高程观测文件的数据结构分别如下所示：

(1) 按距离定权

S0，219.9592

N2，212.5328

N1，S246，24.8433，0.612

N1，S0，62.8298，0.858

N1，N0，50.7066，0.525

N0，S2，34.7798，0.690

N0，N2，4.6745，0.183

……

(2) 按测站数定权

9568，30

9584，9568，−1.96985，0.10670，4

9568，9567，3.02405，0.07920，2

9567，9566，−0.29515，0.05200，2

9568，9584，1.97090，0.10480，4

9584，9585，1.63340，0.10280，2

……

(3) 多等级水准网（−1表示不按测站数定权）

1，1.000，1

2，2.000，2

3，3.000，3

BM1，120.000000

BM3，140.000000

BM1，BM2，−19.9942，20.000，−1，1

BM2，BM3，40.0073，24.000，−1，1

BM3，BM4，10.0314，30.000，−1，2

BM2，BM5，30.0088，23.000，−1，2

BM3，BM5，−10.0314，27.000，−1，3

……

2. 控制网平差

准备好控制网观测文件以后，即可进行平差处理。但在平差前，一般还需要对平差过程中的某些参数进行设置，如平差迭代限值，边长定权公式，精度评定时是使用先验单位权中误差还是后验中误差，是否作网点优化排序，是否作观测值概算，是否设置用边长交会推算网点近似坐标等。设置是通过 COSAWIN 的“平差”主菜单下的“设置”来完成，具体操作过程详见 3。如果控制网的范围较小，高程变化也较小，且为独立的工程坐标系，已知点的 Y 坐标值较小（如在 10 公里以下），或者平面观测文件中的观测值已经经过了各种归化改正，则可直接进行平差处理。如果控制网的已知点坐标是国家 54 或 80 坐标系下的坐标，且 Y 坐标值较大（即测区离中央子午线较远），平面观测文件中的边长、方向值也没有经过概算，则需要利用 COSAWIN 的概算功能对方向和边长观测值进行三差改正以及归化和投影改正，然后才能进行平差。这里需要说明的是，COSA-HC 子系统已对边长观测值作了加乘常数改正、气象改正以及斜距化平计算。

平差时，只需在主菜单中用鼠标单击“平差”，则会弹出下拉菜单，如图 6-27 所示。

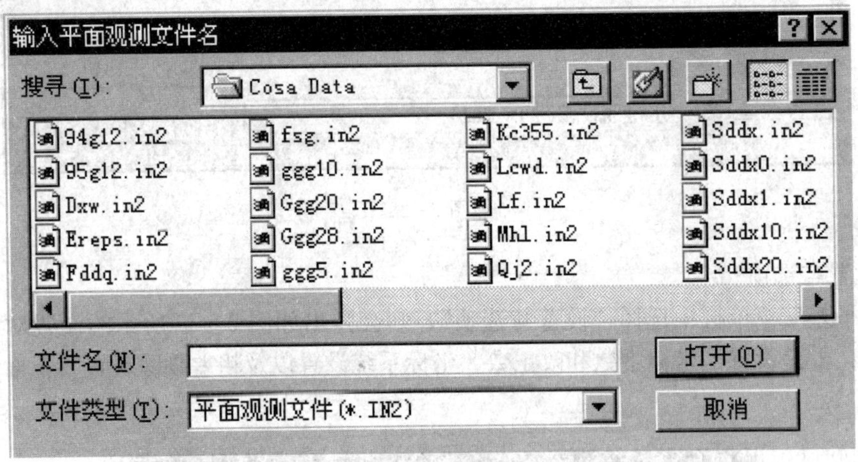

图 6-27

下面我们对平面网和高程网平差进一步予以说明。

(1) 平面网平差。如果观测文件中的边长、方向观测值需要进行改化计算，则须先在“平差”栏的“设置与选项”中进行相应选择，并在“平差”栏中激活“生成概算文件”

形成概算用文件后，用鼠标单击“平差”栏中的“平面网”或单击工具条中平差快捷键，主菜单窗口弹出如图 6-27 所示的对话框。在该对话框中选择并打开要进行平差的平面观测值文件，将自动进行概算、组成并解算法方程、法方程求逆和精度评定及成果输出等工作，平差结果存于平面平差结果文件“网名.OU2”，并自动打开以供查看。

在平差过程中若出现迭代次数多且不收敛的情况，或出现其他提示，平差不能继续进行，首先应检查平面观测文件是否有大的错误。若平差结果文件的后验单位权中误差显著偏大（例如是先验单位权中误差的 1.5 倍以上），则应怀疑观测值可能含有粗差。对于观测值粗差，可以查看观测值改正数的大小并调用“工具”栏中“闭合差计算”菜单项，检查闭合差是否超限。对于图形结构较好、多余观测数较多的网，还可调用“粗差探测”功能，探测和剔除粗差。

（2）高程网平差。用鼠标单击“平差”栏中的“高程网”，或单击工具条中的快捷键，主菜单窗口将弹出如图6-28所示的对话框。在该对话框中选择并打开要进行平差的高程观测值文件，将自动进行高程网平差、精度评定及成果输出等工作。平差结果保存于高程平差结果文件“网名.OU1”中，并自动打开以供查看。通过查看和分析后验单位权中误差值以及高差观测值的改正数，可以判断观测值和平差结果的质量；同样也可以调用“工具”栏中“闭合差计算”功能菜单，检查各水准环线的闭合差是否超限。

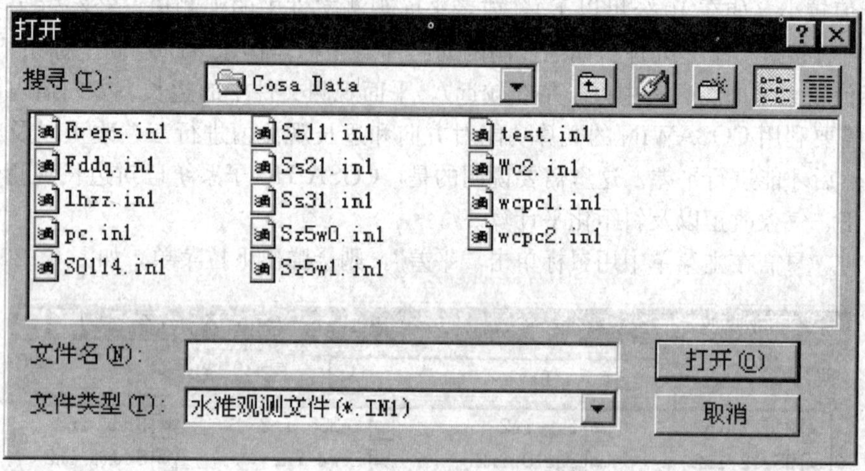

图6-28

3. 设置与选项

在“平差”菜单栏中选择“设置与选项”，则会弹出如图6-29所示的设置对话框，该设置包括：平差设置、坐标常数和改正数、坐标系统设置以及粗差剔除设置，下面分别予以介绍。

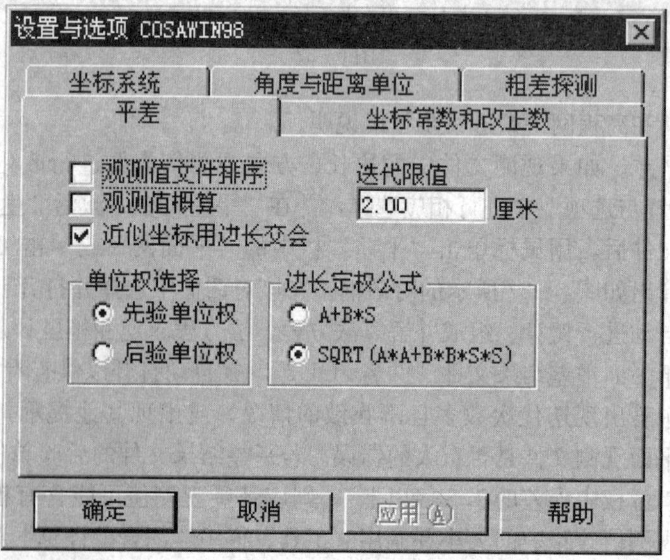

图6-29

(1) 平差设置。平差设置界面如图 6-29 所示，包括了三个开关选择框、两组单选按钮设置框和一个编辑框。开关选择框用来确定某项功能的开或关，用鼠标单击左边的方框可以设置开关选择框的开关状态，当方框中有"√"标识符时，则表示该选择框处于"开"状态，否则为"关"状态。对于一组单选按钮设置框，一次只能选中其中的某一项，选中项的左侧圆圈中会出现一个黑点。

1) 观测值文件排序。当该选项处于选中（开）状态时，则表示平差前先要对原始观测文件进行优化排序，否则表示平差前不排序。这项选择一般适合于大网（点数＞500）或特殊网。对于大型网，观测值文件优化排序后，可以提高平差计算速度。此外，通过该项选择，对于较复杂的网，点的近似坐标计算会有影响，如增减迭代计算次数，迭代收敛或不收敛等。因此是否选择此项，可通过试算确定。

2) 观测值概算。当该选项处于"开"状态时，则表示在平差前首先要对原始观测值进行概算。

若要进行概算，需要首先在"平差"栏中点激"生成概算文件"，并对该文件作必要编辑。若不进行概算，则关闭该项。

3) 近似坐标用边长交会。当该选项处于"开"状态时，表示推算近似坐标用边长前方交会，否则在推算近似坐标时不使用边长交会。这项选择适用于只有少量方向的边角网或混合网，对于单纯的测边网，必须打开该项，否则网点近似坐标推算将不能进行。

这里需要说明的是：由于边长交会的二义性，当交会某一点的边只有两条时，交会出的点可能是错误的，这时可以采用两种方法加以解决。一是建立一个网形信息文件，文件名为"网名.NET"，该文件为标准 ASCII 文件，可以使用任意文本编辑器形成，其格式为：

点名 1，点名 2，点名 3

点名 1、点名 2、点名 3 为边长交会三角形的三个顶点，按逆时针方向排列，每一个三角形组合占一行。

二是建立一个交会点的概略坐标文件，文件名为"网名.XYO"，其格式为：

点名 概略坐标 X0 概略坐标 Y0

概略坐标可以很粗糙，且只需要有二义性的交会点。为了避免上述问题，布设纯测边网时，最好不要采用单三角形，应多增加跨三角形的长边，每个网点至少有三条边通过，这样可减少边长交会的二义性。

4) 单位权选择。该选项是用来设置系统在进行精度评定时是使用先验单位权中误差还是使用后验单位权中误差，用鼠标单击"先验单位权"按钮，则设置使用先验单位权中误差；用鼠标单击"后验单位权"按钮，则设置使用后验单位权中误差。当多余观测数较多时，使用后验单位权中误差较好。当多余观测数很少（例如小于 8），则用先验单位权中误差为宜。在平差结果文件"网名.OU2"中的最末部分，有先验和后验单位权中误差信息，若两者相差较大，对于边角网或有多组精度的网，已知坐标或观测值中可能含有粗差，或边角精度不匹配。若后验单位权特别大，则首先应怀疑观测值文件有错误，或者近似坐标推算出错。

5) 边长定权公式。该选项是用来设置系统在平差时采用什么公式来确定边长观测值的中误差，本系统中提供了两种边长定权公式。一种是按下式计算边长的中误差：$A+B\times S$。另一种计算边长中误差的公式为：$\sqrt{A^2+B^2\times S^2}$。上述式中：A、B 分别为测距仪的固定误差和比例误差，取自“网名.in2”文件；S为边长值，单位为公里。由于边长定权公式不同，平差结果有一定差别，可以用“工具”中的“叠置分析”进行比较。系统的缺省设置是后一种定权公式。

6）平差迭代限值。平差迭代限值是平差迭代计算中最大的坐标改正数限值，COSAWIN系统的缺省值为10厘米。若需要改变此项设置，可以直接在编辑框中输入所要设定的值。当最大坐标改正数小于限值时，停止迭代，进行平差精度评定。对于精度要求很高的网，可设置小一些（如1厘米）。如果平差迭代计算中最大坐标改正数很大且不收敛，则应考虑观测文件的数据有错，或推算近似坐标出错。

设置完上述相应的选项后，用鼠标单击“确认”或“应用（A）”按钮，则接受更改的设置，否则单击“取消”则放弃更改的设置而保持以前的设置（以后各项设置的确认和取消操作和此处相同）。

（2）坐标参数和改正数。在图6-29所示的对话框中，用鼠标击“坐标参数和改正数”标签，则弹出坐标参数和改正数设置属性表，界面如图6-30所示。

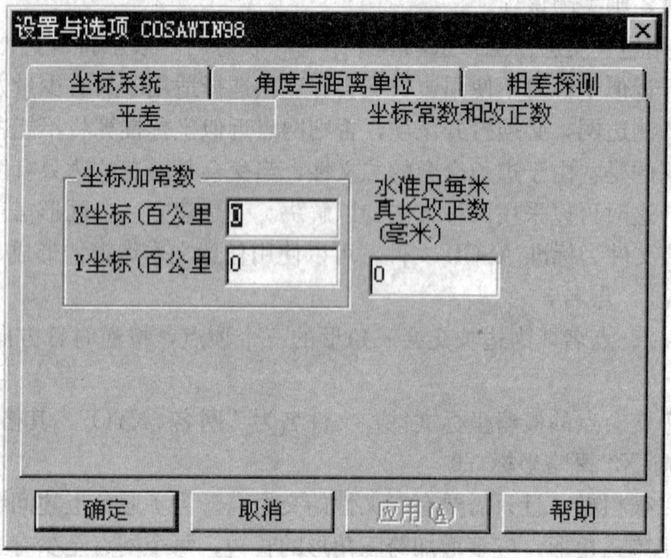

图6-30

1）坐标加常数。用来设置X、Y坐标的百公里加常数，以百公里为单位。当已知点在国家坐标系中且X坐标很大（一般为数千公里），可以将整百公里以上的值作为X坐标的加常数，以使计算简便。Y坐标若加500公里，则Y坐标的加常数为500公里。对于局部坐标系下的工程网，X、Y坐标均比较小，它们的加常数为零（本系统的缺省值）。

2）水准尺每米真长改正数。用来设置水准尺的实际检测长度相对于每米标称尺长的改正数，在水准网平差中用以对水准测段高差进行改正。缺省设置值为零。

（3）坐标系统设置。在图6-29所示的对话框中，用鼠标击“坐标系统设置”标签，则弹出坐标系统设置属性表，其界面如图6-31所示。该功能在概算和坐标转换使用到。

1）坐标系统。组合框“坐标系统”中的单选按钮用来设置投影改正时采用的椭球系统，用户可以从系统所提供的北京54坐标椭球、国家80坐标椭球、WGS-84坐标椭球以及用户

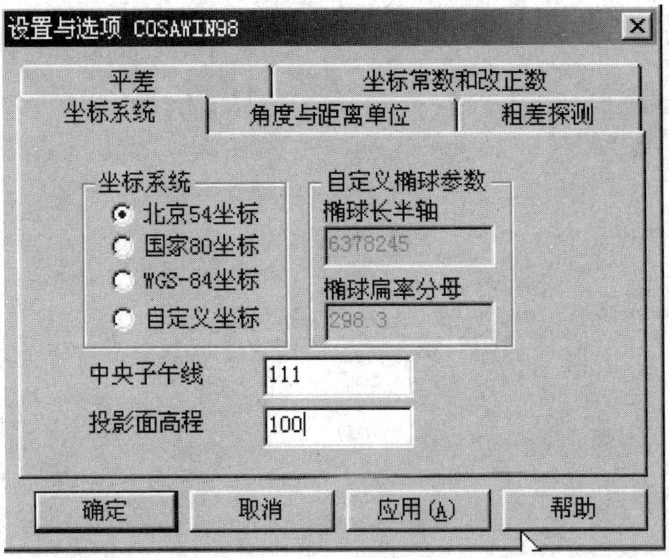

图 6 - 31

自定义椭球系统四种选项中任选一种。当选择用户自定义椭球时，需要用户自己定义椭球的长半轴和椭球的扁率分母，长半轴输入值以米为单位。

2）中央子午线。中央子午线编辑框用来输入测区所处投影带中央子午线的经度值，以度为单位。

3）投影面高程。在该编辑框中，用户可以输入控展网所要投影到的高斯投影面的高程值，以米为单位。

在 COSAWIN 中的缺省设置是：坐标系统为北京 54 坐标系统，中央子午线为 111 度，投影面高程为零。用户应特别注意平面控制网中的已知点坐标是属于哪个坐标系统，哪个投影面。对于独立坐标系下的工程控制网，关键是投影高程面的正确确定。

(4) 角度与距离单位设置。角度可设置为 360 度制或 400 度制（欧洲国家采用）缺省值为 360 度制。

(5) 粗差剔除设置。用于设定方差比及粗差倍值、改正数倍值两个阈值。方差比取值一般为 1.05～1.20，方差比值越小，则所能探测到的粗差越小（如 3～10 倍的观测误差）。但方差比不要小于 1。粗差倍值取值应大于 3。改正数倍值可取 1.5～2.5，该值越小，计算工作量越大。

4. 平面闭合差计算

在主菜单中用鼠标单击“工具”，则会弹出下拉菜单，如图 6 - 26 所示。点击二级菜单平面网，即可启动平面闭合差计算功能。计算时，首先由平面观测文件自动寻找出导线线路（DX）和最小独立闭合环线路（多边形 DBX），生成计算闭合差线路文件“网名.CLI”。

CLI 文件的结构如下：

1，DX

F3

D4

P1
P2
P3
F2
F1
2，DX
……
1，DBX
D6
S3
S4
2，DBX
D1
S1
S5
3，DBX
……

根据闭合差线路文件，自动计算出导线和多边形的角度闭合差、坐标闭合差和全长闭合差，并进一步根据多边形角度闭合差计算方向观测值精度，对闭合差进行评价和超限提示。计算结果存放于闭合差结果文件“网名.CLO”中。操作步骤如下：

在如图6-26所示的下拉菜单中用鼠标单击“闭合差计算”中的“平面网”，系统弹出打开文件对话框，提示您选取平面观测值文件。在该对话框中选择并打开要进行闭合差计算的平面观测值文件，则自动进行附合导线和最小闭合环的搜索及闭合差的计算。用户也可按CLI文件格式手工建立闭合差计算的线路文件（例如无定向导线，个别附合导线）。若已存在该网的CLI文件，则可直接利用。由于自动寻找附合导线和最小独立闭合环线路是一个较为耗时的操作，对于点数较多或较复杂的网，需要等待一段时间。当计算完成后，结果存储在“网名.CLO”中，并自动打开以供查看。

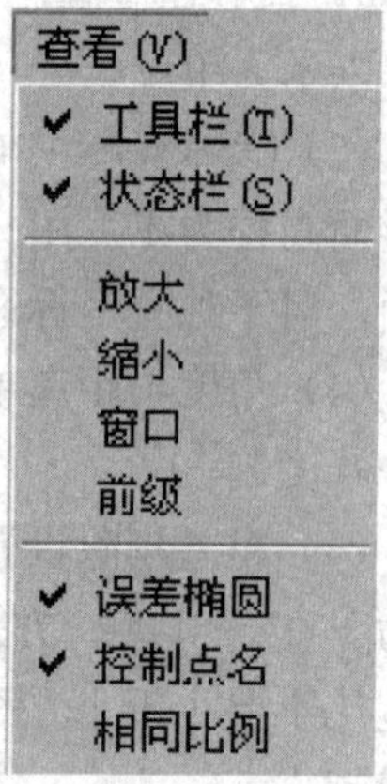

图6-32

5. 高程闭合差计算

根据高程观测文件自动寻找出水准（高程）附合线路和最小独立闭合环线路，存放于闭合差线路文件“网名.GCI”中，根据闭合差线路文件，自动计算附合线路和多边形闭合环的高程闭合差并作超限提示，同时根据闭合环的闭合差计算每公里水准（高程）观测值的全中误差，计算结果存放于闭合差结果文件“网名.GCO”中。其计算步骤同平面网闭合差计算。

6. 图形显绘

显绘平面网网图。单击“工具”栏中的“网图显绘”或单击工具条中的快捷键，主菜单窗口弹出选择网图信息文件对话框。在该对话框中选择并打开所需要的网图显绘文件“网名.MAP”（该文件是在对控制网平差时自动形成的），则会自动在窗口显绘该控制网的网图。用鼠标单击主菜单窗口“查看”，弹出如图6-32所示的下拉菜单，同时在工具条中，对网图操作的一些工具按钮也被激活。可对网图进行包括放大、缩小、窗口放大、恢复前级以及误差椭圆的显绘、控制网点的显绘和按等比例尺还是变比例尺显绘等功能的操作。其中变比例尺显绘功能主要用来放大隧道网的横向显示范围。单击工具条中的“打印”快捷键，可从打印机输出网图（应预先设置好打印机）。

7. 斜距化平

当采用人工记录且希望用该软件作观测值改正计算和概算时，可调用此功能。该功能可将“网名.SV”文件自动生成“网名.IN2”文件。“网名.SV”文件的结构如下：

方向中误差（秒），测距仪固定误差（mm），比例误差（ppm）

测距仪加常数（MM），乘常数（如1.0），测距仪光轴和经纬仪视准轴垂直偏距（mm）

测距仪气象改正系数K1，K2，大气折光系数K（如0.13）

地球平均曲率半径（m），气压单位（可为mmHg或mb）

已知点点号，X坐标，Y坐标，海拔高程H

测站点名

仪器高（m），温度（℃），气压

照准点名，观测值类型，观测值

该文件可分为三部分。第一部分为精度和气象数据，占文件的前四行。第二部分为已知点信息（点号，X坐标，Y坐标，高程H），每点占一行，如果该点无相应数据，则用X，Y，H代替。第三部分为测站观测数据，观测值类型为L时，表示为方向观测值；观测值类型为S时，表示斜距、天顶距等观测值，且依次为：斜距（m），天顶距（度分秒），目标高（m）。对于整体型全站仪来说，测距仪光轴和经纬仪视准轴垂直偏距一般为0；只有当使用组合式全站仪即经纬仪加测距头的情况才给出该垂直偏距值。下数据表为某一网的“*.SV”文件的示例（参见“斜距改化文件.SV”）。

```
3.53，5，3
0.0，-5.0，0
282，3868，0.13
6371，mmhg
P1，5000，5000，H
P2，5020，5300，180
P3，5046.6，5699.13，179.919
P4，5172.05，5970.5，H
Z1，X，Y，184.575
P2
1.5，20.0，760
P1，L，0
S1，L，180.0003
S1，S，100.003，90.00004，1.52
S1
```

1.4，22，760

P2，L，0

S2，L，180.0003

……

8. 报表输出

在COSAWIN系统中，为提供各种整齐、美观的数据报表，设计了报表输出程序，电子记录的原始观测数据（一维水准及二、三维控制）和平差结果的表格化输出，不仅更加直观，易读，且与目前普通使用的人工记录手簿格式尽量接近。在此将对各项报表操作加以说明。

(1) 原始数据报表。用鼠标单击“报表”栏中“原始观测值”菜单项，其下有“平面高程网”和“高程网”两项子菜单，分别用于输出二、三维控制原始观测数据和一维水准原始观测数据报表，下面分别予以说明。

1) 一维水准原始数据报表。在进行一维水准原始数据报表输出前，应保证在当前目录下已存在如表6-1所列三个文件。

表6-1

序号	文 件 名	文 件 意 义
1	网名.SZ0	水准原始观测数据文件
2	网名.SFM	水准手簿封面说明文件
3	网名.SDM	点号及代码对照表文件

其中文件“网名.SZ0”为水准原始观测数据文件，该文件直接由COSA HC的电子手簿和通信程序将数据从电子手簿通信传输到微机中自动形成，其格式参见COSA-HC使用说明手册。

文件“网名.SFM”为水准手簿封面说明文件，存放水准网的一些的常用信息，该文件若不存在，形成报表时将不添加封面。该文件为ASCII码文本文件，其格式见表6-2。

文件“网名.SDM”，为点号及代码对照表文件，存放点号的对应点名以及天气、云量等代码说明信息。这些内容均是在输出水准原始数据报表时，在每页的表头上用到。该文件也是ASCⅡ码文本文件，其文件格式见表6-3。

表6-2

行号	输 入 项	说 明
1	长安环　营盘	线路起点　线路终点
2	02	当前手簿号
3	01　03	前接手簿号　后接手簿号
4	1998	测量年份
5	隧道测量工程队	测量单位
6	长安环　秦岭　营盘	线路起点　经过点　终点

续表

行号	输入项	说明
7	N3　52965	仪器类型　号码
8	瑞士威特厂	仪器制造厂名
9	40X　100　0	望远镜放大率　视距乘、加常数
10	10″/2　0.05	水准器分划值　测微器分划值
11	无	倾斜螺旋分划值
12	良好	仪器检查校正情况
13	因瓦尺 10797　10798	标尺名称　尺号　尺号
14	瑞士威特	标尺制造厂名
15	301.55　301.55	基辅读数差常数
16	1.0	刻划间隔（CM）
17	良好	标尺检查校正情况

表 6-3

输入项	说明	输入项	说明
点名　9584　一号楼	项名　点号　点名	风向　5　东北	
点名　9568　体育馆	……　……　……	风向　6　西北	
点名　9567　青年楼	……　……　……	风向　7　东南	
天气　1　晴	项名　代码　含义	风向　8　西南	
天气　2　阴	……　……　……	太阳方向　0　无	
云量　1　无云		太阳方向　1　左	
云量　2　薄云		太阳方向　2　右	
云量　3　多云		太阳方向　3　前	
土质　1　混凝土		太阳方向　4　后	
土质　2　泥土		太阳方向　5　左前	
土质　3　沙土		太阳方向　6　右前	
成像　1　清晰		太阳方向　7　左后	
成像　2　一般		太阳方向　8　右后	
风向　0　无		风速　0　无	
风向　1　东		风速　1　一级	
风向　2　南		风速　2　二级	
风向　3　西		风速　3　三级	
风向　4　北			

当上述三个文件都已存在时，您便可以进行一维水准原始数据报表输出，其操作步骤如下：在“报表”菜单栏中点击“高程网”，选择您所需要的水准原始观测文件（SZ0文件），系统将自动生成一维水准原始数据报表文件，文件名为“网名.TA1”。该文件为一标准ASCII码文本文件，并带有分页符，可用任一文本文件编辑器阅读或打印，打印时可以自动换行和分页。每测段水准数据打印完后，会自动打印测段高差、路线总长、前后视距的累积差。

由于该文件中没有包含任何版式信息，若希望在报表输出时打印不同的字体，则需要将该文件调入如WPS或WORD等具有排版功能的编辑器中进行处理后再输出。

2）二、三维控制原始观测数据报表。在进行二、三维控制原始观测数据报表输出之前，应保证当前目录下已存在如表6-4所列的两个文件。

表6-4

序号	文件名	文件意义
1	网名.PG0	二、三维控制原始数据文件
2	网名.PFM	二、三维控制手簿封面说明文件

文件“网名.PG0”为二、三维控制原始数据文件，该文件直接由COSA-HC和通信程序将数据从电子手簿通信传输到微机中自动形成。其格式参见相应的COSA-HC使用说明手册。

文件“网名.PFM”为二、三维控制手簿封面说明文件，存放二、三维网的一些常用信息。该文件为ASCII码文本文件，其文件格式见表6-5。

表6-5

行号	输入项	说明
1	武测试验网	网名
2	武测校园	测区
3	五秒级网	等级
4	混合网	网型
5	地测院武地课题组	测量单位
6	1995年6月	测量时间
7	电子速测仪	仪器类型
8	SET3B NO.670607	仪器编号
9	陈 东 顾晓林	观测者（1～2名）
10	赵春城 张 勇	记录者（1～2名）
11	……	分隔符
12	顾晓林	观测者1
13	张 勇	观测者2
14	陈 东	观测者3
15	赵春城	观测者4
16	……	分隔符
17	陈 东	记录者1

续表

行号	输　入　项	说　　明
18	赵春城	记录者 2
19	张　勇	记录者 3
20	顾晓林	记录者 4

当上述两个文件都已存在时，您便可以进行二、三维控制原始数据报表输出，其操作步骤如下：在菜单“报表”栏中点击“平面高程网”，选择您所需要的原始文件（PG0 文件），系统自动生成二、三维控制原始数据报表文件，文件名为“网名．TA2”。该文件为一标准的 ASCII 文本文件，可以使用任何文本编辑器进行浏览和打印。其内容包括方向观测值表、距离观测值表、天顶距观测值表、测站平差结果表。

由于该文件中没有包含任何版式信息，若希望在报表输出时打印不同的字体，则需要将该文件调入如 WPS 或 WORD 等具有排版功能的编辑器中进行处理后再输出。

（2）平差结果报表。在“平差结果”菜单栏下有“平面网”和“高程网”两个菜单项，分别用于生成平面网和高程网平差结果报表，下面分别予以说明。

1）高程网平差结果报表。在进行高程网平差结果报表输出前，应保证在当前目录下存在如表 6－6 所示的三个文件。

表 6－6

序号	文　件　名	文　件　意　义
1	网名．OU1	一维平差结果文件
2	网名．CV1	一维平差结果封面文件
3	网名．NM1	一维平差结果点名文件

文件“网名．OU1”中存放一维平差结果，它由 COSAWIN 自动生成，为一标准 ASCII 文本文件，可以直接使用 COSAWIN 的文本编辑器查看。

文件“网名．CV1”中存放一维平差结果表封面所需要的有关信息，该文件若不存在，则在输出报表时将不添加封面信息。该文件为 ASCII 码文本文件，其文件格式见表 6－7。

表 6－7

行号	输　入　项	说　　明
1	海滨水准网	水准网（高程网）网名
2	四等	网等级
3	海市测绘院	测量单位
4	1995 年	测量年份
5	张　勇　顾明林	观测者
6	S3	水准仪器类型
7	假设高程系统	高程系名称
8	约束平差	平差方法

文件“网名.NM1”中存放一维网的点号和相应的点名，以便在输出报表时自动输出点名。该文件也是一文本文件，其文件格式见表6-8。

表6-8

输入项	说　明	输入项	说　明
11　张公堤	点号　　点名	13　太池	
12　羊尾	……　　……	14　四道口	

当上述三个文件都已存在时，您便可以进行高程网平差结果报表输出，其操作步骤如下：在“报表”菜单栏中的“平差结果”下点击“高程网”选择您所需要的高程平差结果文件（OU1文件），系统自动生成高程网平差结果报表文件，文件名为“网名.RT1”。该文件ASCII文本文件，且已加入自动分页符。该文件中没有包含任何版式信息，若希望在报表输出时打印不同的字体，则需要将该文件调入如WPS或WORD等具有排版功能的编辑器中进行处理后再输出。

2）平面网平差结果报表。与高程网类似，平面网平差结果报表输出前，也应存放如表6-9所示的三个文件。

表6-9

序号	文　件　名	文　件　意　义
1	网名.OU2	二维平差结果文件
2	网名.CV2	二维平差结果封面文件
3	网名.NM2	二维平差结果点名文件

文件“网名.OU2”中存放二维平差结果文件，由COSAWIN自动生成，为一标准ASCII文本文件，可以直接使用COSAWIN的文本编辑器查看。

文件“网名.CV2”中存放二维平差结果表封面所需要的有关信息，该文件若不存在，在输出报表时将不添加封面信息。该文件为ASCII码文本文件，其文件格式见表6-10。

表6-10

行号	输　入　项	说　　明
1	都山隧道网	控制网网名
2	三等	等级
3	都市勘测设计院	测量单位
4	1998年	测量时间
5	陆伟亮等人	测量员
6	T2＋DI4L	测量仪器
7	地方独立坐标系	平差坐标系名称
8	114度	测区中央子午线
9	测区平均高程500m	投影高程面
10	全边角网	网型

文件“网名.NM2”中存放二维网网点点号和其相应的点名对照关系，以便在输出报表时自动输出点名。该文件也是一文本文件，其文件格式见表6-11。

表6-11

输入项	说明	输入项	说明
1 马峰	点号 点名	5 糖房	
2 鸡公山	…… ……	6 玉塘	
3 大桥		7 双寨	
4 雨坝		8 牛岭	

当上述三个文件都已存在时，您便可以进行平面网平差结果报表输出，其操作步骤如下：在“报表”菜单栏中的“平差结果”下点击“高程网”选择您所需要的平面网平差结果文件（OU2文件），系统自动生成平面网平差结果报表文件，文件名为：“网名.RT2”。该文件为一ASCII码文本文件，且已加入自动分页符。该文件中没有包含任何版式信息，若希望在报表输出时打印不同的字体，则需要将该文件调入如WPS或WORD等具有排版功能的编辑器中进行处理后再输出。

除此之外，还有其他一些功能，在此限于篇幅原因，不再介绍，可参见软件使用指南。

附　　录

附录 A　线性代数的基本知识

A.1　行列式

A.1.1　逆序数

在一个排列中，如果一对数的前后位置与大小顺序相反，即前面的数大于后面的数，那么它们就称为一个逆序。一个排列中逆序的总数就称为这个排列的逆序数。逆序数为偶数的排列称为偶排列；逆序数为奇数的排列称为奇排列。如 2431 中，21，43，41，31 是逆序，逆序数是 4，为偶排列。

A.1.2　行列式的定义

设二元线性方程组

$$\begin{cases} a_{11}x_1 + a_{12}x_2 = b_1 \\ a_{21}x_1 + a_{22}x_2 = b_2 \end{cases}$$

用消元法解得

$$x_1 = \frac{b_1a_{22} - b_2a_{12}}{a_{11}a_{22} - a_{12}a_{21}},\quad x_2 = \frac{a_{11}b_2 - a_{21}b_1}{a_{11}a_{22} - a_{12}a_{21}}$$

令 $\begin{vmatrix} a_{11} & a_{12} \\ a_{21} & a_{22} \end{vmatrix} = a_{11}a_{22} - a_{12}a_{21}$，称为二阶行列式

则

$$x_1 = \frac{\begin{vmatrix} b_1 & a_{12} \\ b_2 & a_{22} \end{vmatrix}}{\begin{vmatrix} a_{11} & a_{12} \\ a_{21} & a_{22} \end{vmatrix}},\quad x_2 = \frac{\begin{vmatrix} a_{11} & b_1 \\ a_{21} & b_2 \end{vmatrix}}{\begin{vmatrix} a_{11} & a_{12} \\ a_{21} & a_{22} \end{vmatrix}}$$

n 阶行列式的定义：

$$\begin{vmatrix} a_{11} & a_{21} & \cdots & a_{n1} \\ a_{12} & a_{22} & \cdots & a_{n2} \\ \cdots & \cdots & \cdots & \cdots \\ a_{1n} & a_{n2} & \cdots & a_{nn} \end{vmatrix} = \sum(-1)^1 a_{1p_1}a_{2p_2}\cdots a_{ap_n}$$

其中，p_1，p_2，…，p_n 是 1，2，…，n 的全排列，t 是 p_1，p_2，…，p_n 的逆序数，$\sum$ 是对所有 1，2，…，n 的全排列求和。

A.2　行列式的性质

A.2.1　行列式的转置

设 $\boldsymbol{D} = \begin{vmatrix} a_{11} & \cdots & a_{1n} \\ \vdots & & \vdots \\ a_{n1} & \cdots & a_{nn} \end{vmatrix}$，称 $\boldsymbol{D}^{\mathrm{T}} = \begin{vmatrix} a_{11} & \cdots & a_{n1} \\ \vdots & & \vdots \\ a_{1n} & \cdots & a_{nn} \end{vmatrix}$ 为 $\boldsymbol{D}$ 的转置行列式。

A. 2. 2　行列式的性质

性质 1　行列式与它的转置行列式相等。

性质 2　行列式互换两行（列），行列式变号。

推论　行列式有两行（列）相同，则此行列式为零。

性质 3　行列式的某一行（列）的所有元素乘以数 k，等于用数 k 乘以该行列式。

性质 4　行列式中有两行（列）的元素对应成比例，则此行列式为零。

性质 5　若行列式中某一行（列）的元素都是两数之和，则此行列式等于两个行列式之和。

性质 6　把行列式某一行（列）的元素乘以数 k 再加到另一行（列）上，则该行列式不变。

【例 1】　计算

$$\boldsymbol{D}=\begin{vmatrix}1&2&0&1\\1&3&5&0\\0&1&5&6\\1&2&3&4\end{vmatrix}$$

解

$$\boldsymbol{D}\overset{r_2-r_1}{=}\begin{vmatrix}1&2&0&1\\0&1&5&-1\\0&1&5&6\\1&2&3&4\end{vmatrix}\overset{r_4-r_1}{=}\begin{vmatrix}1&2&0&1\\0&1&5&-1\\0&1&5&6\\0&0&3&3\end{vmatrix}\overset{r_3-r_2}{=}\begin{vmatrix}1&2&0&1\\0&1&5&-1\\0&0&0&7\\0&0&3&3\end{vmatrix}$$

$$\overset{r_3\leftrightarrow r_4}{=}\begin{vmatrix}1&2&0&1\\0&1&5&-1\\0&0&3&3\\0&0&0&7\end{vmatrix}=-21$$

A. 3　代数余子式

定义：在 n 阶行列式中，把元素 a_{ij} 所处的第 i 行、第 j 列划去，剩下的元素按原排列构成的 $n-1$ 阶行列式，称为 a_{ij} 的余子式，记为 M_{ij}；而 $A_{ij}=(-1)^{i+j}M_{ij}$ 称为 a_{ij} 的代数余子式。

引理　如果 n 阶行列式中的第 i 行除 a_{ij} 外其余元素均为零，即

$$\boldsymbol{D}=\begin{vmatrix}a_{11}&\cdots&a_{1j}&\cdots&a_{1n}\\\cdots&\cdots&\cdots&\cdots&\cdots\\0&\cdots&a_{ij}&\cdots&0\\\cdots&\cdots&\cdots&\cdots&\cdots\\a_{n1}&\cdots&a_{nj}&\cdots&a_{nn}\end{vmatrix}$$

则

$$D=a_{ij}A_{1j}$$

定理　行列式等于它的任意一行（列）的各元素与对应的代数余子式乘积之和，即 $D=a_{i1}A_{i1}+a_{i2}A_{i2}+\cdots+a_{in}A_{in}$，$(i=1, 2, \cdots, n)$

$$\boldsymbol{D}=a_{1j}A_{1j}+a_{2j}A_{2j}+\cdots+a_{nj}A_{nj},(j=1,2,\cdots,n)$$

A.4 矩阵的基本概念

A.4.1 矩阵的定义

称 m 行、n 列的数表

$$\begin{matrix} a_{11} & a_{12} & \cdots & a_{1n} \\ a_{21} & a_{22} & \cdots & a_{2n} \\ \cdots & \cdots & \cdots & \cdots \\ a_{m1} & a_{m2} & \cdots & a_{mn} \end{matrix}$$

为 $m\times n$ 矩阵，或简称为矩阵；表示为

$$\boldsymbol{A}=\begin{bmatrix} a_{11} & a_{12} & \cdots & a_{1n} \\ a_{21} & a_{22} & \cdots & a_{2n} \\ \cdots & \cdots & \cdots & \cdots \\ a_{m1} & a_{m2} & \cdots & a_{mn} \end{bmatrix}$$

或简记为 $\boldsymbol{A}=(a_{ij})_{m\times n}$，或 $\boldsymbol{A}=(a_{ij})$，或 $\boldsymbol{A}_{m\times n}$；其中 a_{ij} 表示 $\boldsymbol{A}$ 中第 i 行、第 j 列的元素。

设 $\boldsymbol{A}=(a_{ij})_{m\times n}$，$\boldsymbol{B}=(b_{ij})_{m\times n}$，都是 $m\times n$ 矩阵，当

$$a_{ij}=b_{ij}\quad(i=1,2,\cdots,m;j=1,2,\cdots,n)$$

则称矩阵 A 与 B 相等，记成 $A=B$。

A.4.2 矩阵的特殊形式

n 阶方阵：$n\times n$ 矩阵

行矩阵：$1\times n$ 矩阵（以后又可叫做行向量），记为

$$\boldsymbol{A}=(a_1,a_2,\cdots,a_n)$$

列矩阵：$m\times 1$ 矩阵（以后又可叫做列向量），记为

$$\boldsymbol{B}=\begin{bmatrix} b_1 \\ b_2 \\ \vdots \\ b_m \end{bmatrix}$$

零矩阵：所有元素为 0 的矩阵，记为 O。

对角阵：对角线元素为 λ_1，λ_2，…，λ_n，其余元素为 0 的方阵，记为

$$\boldsymbol{\Lambda}=\begin{bmatrix} \lambda_1 & & & \\ & \lambda_2 & & \\ & & \ddots & \\ & & & \lambda_n \end{bmatrix}=\mathrm{diag}(\lambda_1,\lambda_2,\cdots,\lambda_n)$$

单位阵：对角线元素为 1，其余元素为 0 的方阵，记为

$$\boldsymbol{E}=\begin{bmatrix} 1 & & & \\ & 1 & & \\ & & \ddots & \\ & & & 1 \end{bmatrix}$$

A.4.3 线性变换的系数矩阵

线性变换的定义：设变量 y_1，y_2，…，y_m 能用变量 x_1，x_2，…，x_n 线性表示，即

$$\begin{cases} y_1 = a_{11}x_1 + a_{12}x_2 + \cdots + a_{1n}x_n \\ y_2 = a_{21}x_1 + a_{22}x_2 + \cdots + a_{2n}x_n \\ \qquad \vdots \\ y_m = a_{m1}x_1 + a_{m2}x_2 + \cdots + a_{mn}x_n \end{cases}$$

这里 $a_{ij}(i=1，2，\cdots，m；j=1，2，\cdots，n)$ 为常数．这种从变量 x_1，x_2，…，x_n 到变量 y_1，y_2，…，y_m 的变换称为线性变换，线性变换由 m 个 n 元函数组成，每个函数都是变量的一次幂，故而称之为线性变换。

上式的系数可构成一个 $m \times n$ 矩阵

$$\boldsymbol{A} = \begin{pmatrix} a_{11} & a_{12} & \cdots & a_{1n} \\ a_{21} & a_{22} & \cdots & a_{2n} \\ \cdots & \cdots & \cdots & \cdots \\ a_{m1} & a_{m2} & \cdots & a_{mn} \end{pmatrix}$$

称之为线性变换的系数矩阵。

A.5 矩阵的运算

A.5.1 矩阵的加法

设 $\boldsymbol{A} = (a_{ij})_{m\times n}$，$\boldsymbol{B} = (b_{ij})_{m\times n}$ 都是 $m \times n$ 矩阵，则加法定义为

$$\boldsymbol{A}+\boldsymbol{B} = \begin{pmatrix} a_{11}+b_{11} & a_{12}+b_{12} & \cdots & a_{1n}+b_{1n} \\ a_{21}+b_{21} & a_{22}+b_{22} & \cdots & a_{2n}+b_{2n} \\ \cdots & \cdots & \cdots & \cdots \\ a_{m1}+b_{m1} & a_{m2}+b_{m2} & \cdots & a_{mn}+b_{mn} \end{pmatrix}$$

显然，

$$①\boldsymbol{A}+\boldsymbol{B} = \boldsymbol{B}+\boldsymbol{A}，\quad ②(\boldsymbol{A}+\boldsymbol{B})+\boldsymbol{C} = \boldsymbol{A}+(\boldsymbol{B}+\boldsymbol{C})$$

A.5.2 矩阵的数乘

设 λ 是数，$\boldsymbol{A} = (a_{ij})_{m\times n}$ 是 $m \times n$ 矩阵，则数乘定义为

$$\lambda\boldsymbol{A} = \begin{pmatrix} \lambda a_{11} & \lambda a_{12} & \cdots & \lambda a_{1n} \\ \lambda a_{21} & \lambda a_{22} & \cdots & \lambda a_{2n} \\ \cdots & \cdots & \cdots & \cdots \\ \lambda a_{m1} & \lambda a_{m2} & \cdots & \lambda a_{mn} \end{pmatrix}$$

显然

$$①(\lambda\mu)\boldsymbol{A} = \lambda(\mu)\boldsymbol{A}，\quad ②(\lambda+\mu)\boldsymbol{A} = \lambda\boldsymbol{A}+\mu\boldsymbol{A}，\quad ③\lambda(\boldsymbol{A}+\boldsymbol{B}) = \lambda\boldsymbol{A}+\lambda\boldsymbol{B}$$

A.5.3 矩阵的乘法

设 $\boldsymbol{A} = (a_{ij})_{m\times s}$，$\boldsymbol{B} = (b_{ij})_{s\times n}$，则乘法定义为 $\boldsymbol{AB}=\boldsymbol{C}$，其中

$$\boldsymbol{C} = (c_{ij})_{m\times n} \quad c_{ij} = a_{i1}b_{1j} + a_{i2}b_{2j} + \cdots + a_{is}b_{sj} = \sum_{k=1}^{s} a_{ik}b_{kj}，\begin{pmatrix} i = 1,2,\cdots,m \\ j = 1,2,\cdots,n \end{pmatrix}$$

注：两个矩阵相乘要求前一个矩阵的列数等于后一个矩阵的行数；乘积矩阵的行数为前

一个矩阵的行数，列数为后一个矩阵的列数；乘积矩阵的第 i 行，第 j 列元素为前一个矩阵的第 i 行元素与后一个矩阵的第 j 行元素对应相乘再相加。

【例2】 设 $\boldsymbol{A}=\begin{pmatrix}1 & 0 & 3 & -1\\2 & 1 & 0 & 2\end{pmatrix}$，$\boldsymbol{B}=\begin{pmatrix}4 & 1 & 0\\-1 & 1 & 3\\2 & 0 & 1\\1 & 3 & 4\end{pmatrix}$，求 $\boldsymbol{AB}$。

解 $$\boldsymbol{AB}=\begin{pmatrix}1 & 0 & 3 & -1\\2 & 1 & 0 & 2\end{pmatrix}\begin{pmatrix}4 & 1 & 0\\-1 & 1 & 3\\2 & 0 & 1\\1 & 3 & 4\end{pmatrix}$$

$$=\begin{pmatrix}1\times4+0\times(-1)+3\times2+(-1)\times1 & 2\times4+1\times(-1)+0\times2+2\times1\\1\times1+0\times1+3\times0+(-1)\times3 & 2\times1+1\times1+0\times0+2\times3\\1\times0+0\times3+3\times1+(-1)\times4 & 2\times0+1\times3+0\times1+2\times4\end{pmatrix}$$

$$=\begin{pmatrix}9 & -2 & -1\\9 & 9 & 11\end{pmatrix}$$

几个运算结果：

(1)

$$(a_1,a_2,\cdots,a_n)\begin{pmatrix}b_1\\b_2\\\vdots\\b_n\end{pmatrix}=a_1b_1+a_2b_2+\cdots+a_nb_n$$

(2)

$$\begin{pmatrix}a_1\\a_2\\\vdots\\a_m\end{pmatrix}(b_1,b_2,\cdots,b_n)=\begin{pmatrix}a_1b_1 & a_1b_2 & \cdots & a_1b_n\\a_2b_1 & a_2b_2 & \cdots & a_2b_n\\\cdots & \cdots & \cdots & \cdots\\a_mb_1 & a_mb_2 & \cdots & a_mb_n\end{pmatrix}$$

(3) 若 $\boldsymbol{A}$ 为 $m\times n$ 矩阵，$\boldsymbol{E}$ 是 m 阶单位阵，则 $\boldsymbol{EA}=\boldsymbol{A}$；若 $\boldsymbol{E}$ 是 n 阶单位阵，则 $\boldsymbol{AE}=\boldsymbol{A}$。

(4) 线性变换的矩阵表示

设 $\begin{cases}y_1=a_{11}x_1+a_{12}x_2+\cdots+a_{1n}x_n\\y_2=a_{21}x_1+a_{22}x_2+\cdots+a_{2n}x_n\\\qquad\vdots\\y_m=a_{m1}x_1+a_{m2}x_2+\cdots+a_{mn}x_n\end{cases}$，$\boldsymbol{A}=\begin{pmatrix}a_{11} & a_{12} & \cdots & a_{1n}\\a_{21} & a_{22} & \cdots & a_{2n}\\\cdots & \cdots & \cdots & \cdots\\a_{m1} & a_{m2} & \cdots & a_{mn}\end{pmatrix}$，$\boldsymbol{x}=\begin{pmatrix}x_1\\x_2\\\vdots\\x_n\end{pmatrix}$，$\boldsymbol{y}=\begin{pmatrix}y_1\\y_2\\\vdots\\y_m\end{pmatrix}$

则 $y=\boldsymbol{A}x$

(5) 线性方程组的矩阵表示

$\begin{cases}a_{11}x_1+a_{12}x_2+\cdots+a_{1n}x_n=b_1\\a_{21}x_1+a_{22}x_2+\cdots+a_{2n}x_n=b_2\\\qquad\vdots\\a_{m1}x_1+a_{m2}x_2+\cdots+a_{mn}x_n=b_m\end{cases}$，$\boldsymbol{A}=\begin{pmatrix}a_{11} & a_{12} & \cdots & a_{1n}\\a_{21} & a_{22} & \cdots & a_{2n}\\\cdots & \cdots & \cdots & \cdots\\a_{m1} & a_{m2} & \cdots & a_{mn}\end{pmatrix}$，$\boldsymbol{x}=\begin{pmatrix}x_1\\x_2\\\vdots\\x_n\end{pmatrix}$，$\boldsymbol{b}=\begin{pmatrix}b_1\\b_2\\\vdots\\b_m\end{pmatrix}$

则 $\boldsymbol{Ax}=\boldsymbol{b}$。

A.6 逆矩阵

A.6.1 逆矩阵的定义

设 $\boldsymbol{A}$ 为 n 阶方阵，若有同阶方阵 $\boldsymbol{B}$ 使得

$$\boldsymbol{AB}=\boldsymbol{BA}=\boldsymbol{E}$$

则称 $\boldsymbol{A}$ 是可逆的，$\boldsymbol{B}$ 为 $\boldsymbol{A}$ 的逆阵。

可以证明，如果 $\boldsymbol{A}$ 是可逆的，则 $\boldsymbol{A}$ 的逆阵是唯一的，并记 $\boldsymbol{A}$ 的逆阵为 $\boldsymbol{A}^{-1}$，从而上式可写成

$$\boldsymbol{AA}^{-1}=\boldsymbol{A}^{-1}\boldsymbol{A}=\boldsymbol{E}$$

A.6.2 逆矩阵的计算

1. 伴随矩阵法

设 $\boldsymbol{A}$ 可逆$\Leftrightarrow|\boldsymbol{A}|\neq 0$。

则

$$\boldsymbol{A}^{-1}=\frac{1}{|\boldsymbol{A}|}\boldsymbol{A}^{*}=\frac{1}{|\boldsymbol{A}|}\begin{pmatrix}A_{11} & A_{21} & \cdots & A_{n1}\\ A_{12} & A_{22} & \cdots & A_{n2}\\ \cdots & \cdots & \cdots & \cdots\\ A_{1n} & A_{n2} & \cdots & A_{nn}\end{pmatrix}$$

这是 $\boldsymbol{A}^{-1}$的计算公式，其中 $\boldsymbol{A}^{*}$ 是 $\boldsymbol{A}$ 的伴随阵，A_{ij} 是 a_{ij} 的代数余子式。

【例 3】 $\boldsymbol{A}=\begin{pmatrix}1 & 2 & 3\\ 2 & 2 & 1\\ 3 & 4 & 3\end{pmatrix}$，求 $\boldsymbol{A}^{-1}$。

解

$$|\boldsymbol{A}|=\begin{vmatrix}1 & 2 & 3\\ 2 & 2 & 1\\ 3 & 4 & 3\end{vmatrix}=2$$

$$A_{11}=\begin{vmatrix}2 & 1\\ 4 & 3\end{vmatrix}=2，A_{21}=-\begin{vmatrix}2 & 3\\ 4 & 3\end{vmatrix}=6，A_{31}=\begin{vmatrix}2 & 3\\ 2 & 1\end{vmatrix}=-4$$

$$A_{12}=-\begin{vmatrix}2 & 1\\ 3 & 3\end{vmatrix}=-3，A_{22}=\begin{vmatrix}1 & 3\\ 3 & 3\end{vmatrix}=-6，A_{32}=-\begin{vmatrix}1 & 3\\ 2 & 1\end{vmatrix}=5$$

$$A_{13}=\begin{vmatrix}2 & 2\\ 3 & 4\end{vmatrix}=2，A_{23}=-\begin{vmatrix}1 & 2\\ 3 & 4\end{vmatrix}=2，A_{33}=\begin{vmatrix}1 & 2\\ 2 & 2\end{vmatrix}=-2$$

$$\boldsymbol{A}^{-1}=\frac{1}{|\boldsymbol{A}|}\boldsymbol{A}^{*}=\frac{1}{|\boldsymbol{A}|}\begin{pmatrix}\boldsymbol{A}_{11} & A_{21} & A_{31}\\ A_{12} & A_{22} & A_{32}\\ A_{13} & A_{23} & A_{33}\end{pmatrix}=\begin{pmatrix}1 & 3 & -2\\ -\frac{3}{2} & -3 & \frac{5}{2}\\ 1 & 1 & -1\end{pmatrix}$$

2. 初等变换法

定理　n 阶矩阵 $\boldsymbol{A}$ 可逆的充分必要条件是 $\boldsymbol{A}$ 可以表示为若干初等矩阵的乘积。

因此，求矩阵 $\boldsymbol{A}$ 的逆矩阵 $\boldsymbol{A}^{-1}$时，可构造矩阵 $n\times 2n$ 矩阵（$\boldsymbol{A}$　$\boldsymbol{E}$），然后对其施以初等行变换将矩阵 $\boldsymbol{A}$ 化为单位矩阵 $\boldsymbol{E}$，则上述初等变换同时也将其中的单位矩阵 $\boldsymbol{E}$ 化为 $\boldsymbol{A}^{-1}$，即

$$(\boldsymbol{A}\quad \boldsymbol{E})\xrightarrow{\text{初等行变换}}(\boldsymbol{E}\quad \boldsymbol{A}^{-1})$$

这就是求逆矩阵的初等变换法。

【例 4】 设 $\boldsymbol{A}=\begin{bmatrix}1 & -5 & -2\\ -1 & 3 & 1\\ 3 & -4 & -1\end{bmatrix}$，求 $\boldsymbol{A}^{-1}$。

解

$$\left[\begin{array}{ccc:ccc}1 & -5 & -2 & 1 & 0 & 0\\ -1 & 3 & 1 & 0 & 1 & 0\\ 3 & -4 & -1 & 0 & 0 & 1\end{array}\right]\xrightarrow[r_3-3r_1]{r_2+r_1}\left[\begin{array}{ccc:ccc}1 & -5 & -2 & 1 & 0 & 0\\ 0 & -2 & -1 & 1 & 1 & 0\\ 0 & 11 & 5 & -3 & 0 & 1\end{array}\right]$$

$$\xrightarrow{r_2/(-2)}\left[\begin{array}{ccc:ccc}1 & -5 & -2 & 1 & 0 & 0\\ 0 & 1 & 1/2 & -1/2 & -1/2 & 0\\ 0 & 11 & 5 & -3 & 0 & 1\end{array}\right]\xrightarrow{r_3-11r_2}\left[\begin{array}{ccc:ccc}1 & -5 & -2 & 1 & 0 & 0\\ 0 & 1 & 1/2 & -1/2 & -1/2 & 0\\ 0 & 0 & -1/2 & 5/2 & 11/2 & 1\end{array}\right]$$

$$\left[\begin{array}{ccc:ccc}1 & -5 & -2 & 1 & 0 & 0\\ 0 & 1 & 1/2 & -1/2 & -1/2 & 1\\ 0 & 0 & -1/2 & 5/2 & 11/2 & 1\end{array}\right]\xrightarrow{r_3/(-1/2)}\left[\begin{array}{ccc:ccc}1 & -5 & -2 & 1 & 0 & 0\\ 0 & 1 & 1/2 & -1/2 & -1/2 & 0\\ 0 & 0 & 1 & -5 & -11 & -2\end{array}\right]$$

$$\xrightarrow{r_1+5r_2}\left[\begin{array}{ccc:ccc}1 & 0 & 1/2 & -3/2 & -5/2 & 0\\ 0 & 1 & 1/2 & -1/2 & -1/2 & 0\\ 0 & 0 & 1 & -5 & -11 & -2\end{array}\right]\xrightarrow[r_2-(1/2)\ r_3]{r_1-(1/2)\ r_3}\left[\begin{array}{ccc:ccc}1 & 0 & 0 & 1 & 3 & 1\\ 0 & 1 & 0 & 2 & 5 & 1\\ 0 & 0 & 1 & -5 & -11 & -2\end{array}\right]$$

所以 $\boldsymbol{A}^{-1}=\begin{bmatrix}1 & 3 & 1\\ 2 & 5 & 1\\ -5 & -11 & -2\end{bmatrix}$

附录 B　与测量平差有关的概率基本知识

B.1　随机变量及其分布

一个随机试验的可能结果的全体组成一个基本空间 Ω。随机变量 X 是定义在基本空间 Ω 上的取值为实数的函数，即基本空间 Ω 中每一个点，也就是每个基本事件都有实轴上的点与之对应。例如，随机投掷一枚硬币，可能的结果有正面朝上，反面朝上两种，若定义 X 为投掷一枚硬币时朝上的面，则 X 为一随机变量，当正面朝上时，X 取值 1；当反面朝上时，X 取值 0。又如，掷一颗骰子，它的所有可能结果是出现 1 点、2 点、3 点、4 点、5 点和 6 点，若定义 X 为掷一颗骰子时出现的点数，则 X 为一随机变量，出现 1、2、3、4、5、6 点时 X 分别取值 1、2、3、4、5、6。

B.1.1　离散型随机变量及其分布

定义　若随机变量 X 只取有限个或可列个值，则称 X 为离散型随机变量。

例如：掷一枚均匀的骰子"出现的点数"，任取 n 个产品中的"次品数"等都是离散型随机变量。要掌握一个离散型随机变量的统计规律，必须知道 X 的所有可能值及 X 取每一个可能值的概率。如：设随机变量 X 为骰子掷出的点数，显然 $X=1$、2、3、4、5、6，相应概率都是 1/6，这样 X 的概率分布为

X	1	2	3	4	5	6
p_k	$\frac{1}{6}$	$\frac{1}{6}$	$\frac{1}{6}$	$\frac{1}{6}$	$\frac{1}{6}$	$\frac{1}{6}$

B.1.2　连续型随机变量及其概率密度

定义：对于随机变量 X 的分布函数 $F(x)$，若存在非负函数 $p(x)$，使得对任意实数 x 有

$$F(x)=P\{X\leqslant x\}=\int_{-\infty}^{x}p(t)\mathrm{d}t$$

则称 X 为连续型随机变量，$p(x)$ 称为 X 的概率密度函数，简称概率密度。

由定义及高等数学知识可得概率密度具有以下性质：

(1) $p(x)\geqslant 0$。

(2) $\int_{-\infty}^{+\infty}p(x)\mathrm{d}x=1$。

(3) $P\{X=a\}=0$。

(4) $P\{a<X\leqslant b\}=P\{a<X<b\}=P\{a\leqslant X<b\}$

$$=P\{a\leqslant X\leqslant b\}=F(b)-F(a)=\int_{a}^{b}p(x)\mathrm{d}x。$$

在测量中，测量观测值和真值对应的观测误差服从正态分布，如果随机变量 X 的概率密度为

$$p(x)=\frac{1}{\sqrt{2\pi}\sigma}e^{-\frac{(x-\mu)^2}{2\sigma^2}}\quad(-\infty<x<+\infty)$$

称随机变量 X 服从参数为（μ，σ^2）的正态分布［或高斯（*Gauss*）分布］，记作 $X\sim N(\mu,\sigma^2)$，其中 $-\infty<\mu<+\infty$，$\sigma>0$。

服从正态分布的随机变量统称为正态随机变量。

正态分布 $X\sim N(\mu,\sigma^2)$ 的概率密度的图形如图 B-1 所示。

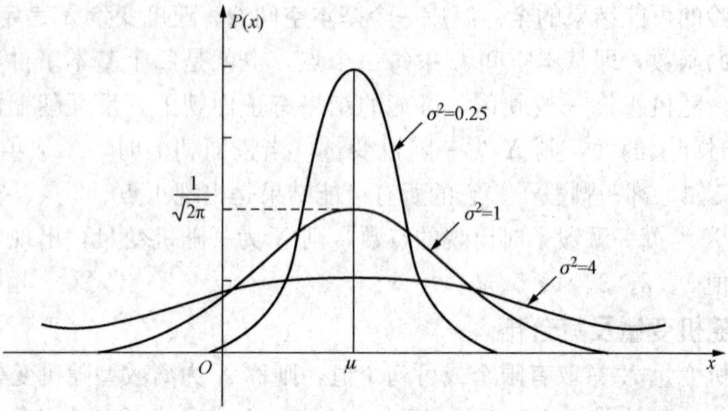

图 B-1

由高等数学知识不难得到 $p(x)$ 具有下列性质：

（1）$p(x)$ 关于 $x=\mu$ 对称。

（2）$p(x)$ 在 $x=\mu$ 处有最大值 $p(\mu)=\frac{1}{\sqrt{2\pi}\sigma}$。

（3）当 $|x|\to\infty$，$p(x)\to 0$。

（4）$x=\mu\pm\sigma$ 为曲线的两个拐点。

给出参数 σ^2 的一个几何解释：当 σ^2 较大时，概率密度曲线平坦；当 σ^2 较小时，曲线陡峭。

X 的分布函数为（图 B-2）

$$F(x)=\frac{1}{\sqrt{2\pi}\sigma}\int_{-\infty}^{x}e^{-\frac{(t-\mu)^2}{2\sigma^2}}dt$$

特别地，当 $\mu=0$，$\sigma=1$ 时，称 X 服从标准正态分布，记作 $X\sim N(0,1)$。它的概率密度为

$$\varphi(x)=\frac{1}{\sqrt{2\pi}}e^{-\frac{x^2}{2}}\quad -\infty<x<+\infty \tag{B-1}$$

它的分布函数记作 $\Phi(x)$，即

$$\Phi(x)=\int_{-\infty}^{x}\frac{1}{\sqrt{2\pi}}e^{-\frac{t^2}{2}}dt\quad -\infty<x<+\infty \tag{B-2}$$

由于 $N(0,1)$ 的概率密度是一个偶函数，因此 $\Phi(x)+\Phi(-x)=1$ 推得：$\Phi(-x)=1-\Phi(x)$，$\Phi(0)=\frac{1}{2}$，几何意义如图 B-3 所示。

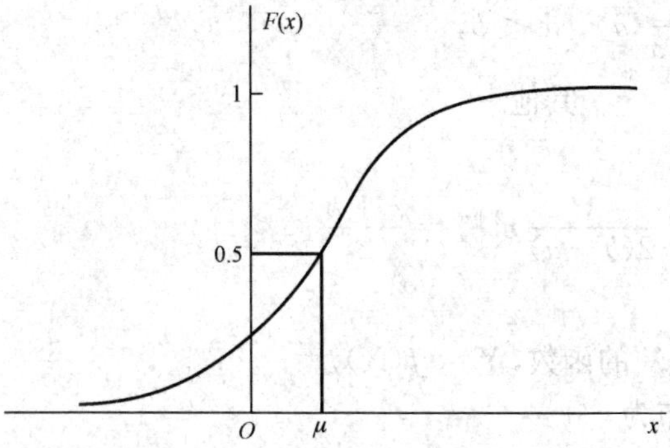

图 B-2

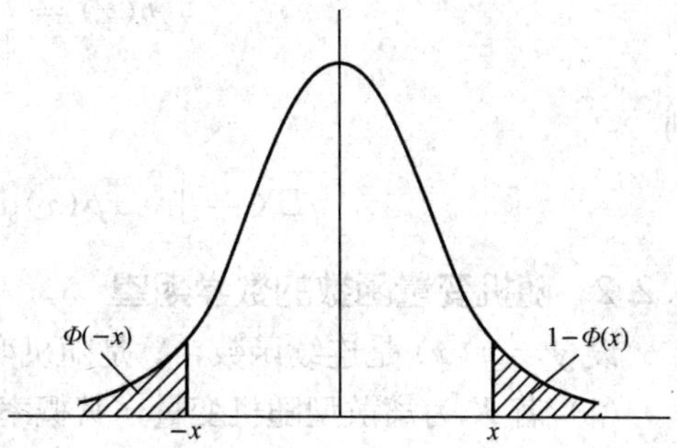

图 B-3

B.2 数学期望

B.2.1 数学期望的定义

1. 离散型随机变量的数学期望

定义：设离散型随机变量 X 的概率分布为

$$P\{X = x_k\} = p_k, k = 1,2,\cdots.$$

如果级数 $\sum\limits_{k=1}^{\infty} x_k p_k$ 绝对收敛（即 $\sum\limits_{k=1}^{\infty} |x_k| p_k < \infty$），则称 $\sum\limits_{k=1}^{\infty} x_k p_h$ 为随机变量 X 的数学期望，记为 EX。即有

$$EX = \sum_{k=1}^{\infty} x_k p_k$$

数学期望 EX 是以概率为权的加权平均，体现了随机变量 ξ 取值的集中位置或平均水平，所以数学期望也称为均值或简称为期望。

【例 1】 求服从两点分布的随机变量 X 的数学期望。

解 设两点分布的概率分布为

X	0	1
p_k	q	p

由定义得 $EX=0\times q+1\times p=p$。

2. 连续型随机变量的数学期望

定义：设连续型随机变量 X 的概率密度为 $p(x)$，如果积分 $\int_{-\infty}^{\infty} xp(x)\mathrm{d}x$ 绝对收敛（即 $\int_{-\infty}^{\infty} |x| p(x)\mathrm{d}x < \infty$），则称 $\int_{-\infty}^{\infty} xp(x)\mathrm{d}x$ 为随机变量 X 的数学期望。即有

$$EX = \int_{-\infty}^{\infty} xp(x)\mathrm{d}x$$

【例 2】 设随机变量 X 服从 $[a,\ b]$ 上的均匀分布，求 EX。

解 由于均匀分布的概率密度为

$$p(x)=\begin{cases}\dfrac{1}{b-a},a<x<b,\\0,\qquad 其他.\end{cases}$$

则

$$EX=\int_{-\infty}^{\infty}xp(x)\mathrm{d}x=\frac{1}{2(b-a)}x^2|_a^b=\frac{a+b}{2}$$

B. 2. 2 随机变量函数的数学期望

设 $y=f(x)$ 是连续函数，Y 是随机变量 X 的函数，$Y=f(X)$。

（1）若 X 为离散型随机变量，其概率分布为

$$P\{X=x_k\}=p_k,k=1,2,\cdots,$$

且级数 $\sum\limits_k f(x_k)p_k$ 绝对收敛，则有

$$EY=E[f(X)]=\sum_k f(x_k)p_k$$

（2）若 X 为连续型随机变量，其概率密度为 $p(x)$，且积分 $\int_{-\infty}^{\infty}f(x)p(x)\mathrm{d}x$ 绝对收敛，则有

$$EY=E[f(X)]=\int_{-\infty}^{\infty}f(x)p(x)\mathrm{d}x.$$

对离散型情况，设（X，Y）的联合分布为

$$P\{X=x_i,Y=y_j\}=p_{ij},i=1,2,\cdots,j=1,2,\cdots.$$

则

$$EZ=E[f(X,Y)]=\sum_i\sum_j f(x_i,y_j)p_{ij}$$

当（X，Y）为连续型随机变量时，设联合概率密度为 $p(x，y)$ 则

$$EZ=E[f(X,Y)]=\int_{-\infty}^{\infty}\int_{-\infty}^{\infty}f(x,y)p(x,y)\mathrm{d}x\mathrm{d}y.$$

【例 3】 设 X 为离散型随机变量。X 的概率分布如下

$$P\{X=1\}=\frac{1}{2},P\{X=2\}=\frac{1}{4},P\{X=3\}=\frac{1}{4}$$

求 EX^2。

解

$$EX^2=\sum_k f(x_k)p_k=\sum_k x_k^2p_k$$
$$=1^2\times\frac{1}{2}+2^2\times\frac{1}{4}+3^2\times\frac{1}{4}=\frac{15}{4}$$

B. 2. 3 数学期望的性质

1. 常数的期望

对于任意常数 c，有 $Ec=c$。

事实上，（2）中取 $k=0$，便得证。

2. 线性性质

对于任意常数 k、c，有

$$E(kX+c)=kEX+c$$

事实上，如在连续型的情形，有

$$E(kX+c)=\int_{-\infty}^{+\infty}(kx+c)p(x)\mathrm{d}x=k\int_{-\infty}^{+\infty}xp(x)\mathrm{d}x+c\int_{-\infty}^{+\infty}p(x)\mathrm{d}x=kEX+c$$

至于离散型情形可以类似证明．

3．和的性质

设 X，Y 为任意随机变量，则有

$$E(X+Y)=EX+EY$$

一般地，这一性质可以推广到 n 个随机变量的情形，即

$$E(X_1+X_2+\cdots+X_n)=EX_1+EX_2+\cdots+EX_n$$

4．积的性质

若随机变量 X 与 Y 相互独立，则有

$$E(XY)=(EX)(EY)$$

一般地，这一性质可以推广到 n 个随机变量的情形，即当随机变量 X_1，X_2，…，X_n 相互独立时，有

$$E(X_1X_2\cdots X_n)=(EX_1)(EX_2)\cdots(EX_n)$$

【例 4】 设随机变量 X 的概率密度为

$$p(x)=\begin{cases}\dfrac{x^2}{3},-1<x<2,\\0,\text{其他}\end{cases}$$

试求 $E(1-2X)$。

解 因为

$$EX=\int_{-1}^{2}x\cdot\frac{x^2}{3}\mathrm{d}x=\frac{1}{12}x^4\Big|_{-1}^{2}=\frac{5}{4}$$

$$E(1-2X)=1-2EX=1-2\times\frac{5}{4}=-\frac{3}{2}$$

B.3 方差

B.3.1 方差的定义

定义：设 X 是一个随机变量，如果 $E(X-EX)^2$ 存在，则称之为 X 的方差，记为 DX，即

$$DX=E(X-EX)^2$$

对于离散型随机变量，若 $P\{X=x_k\}=p_k$，则

$$DX=\sum_k(x_k-EX)^2p_k$$

对于连续型随机变量，若 X 的概率密度为 $p(x)$，则

$$DX=\int_{-\infty}^{\infty}(X-EX)^2p(x)\mathrm{d}x$$

称 $\sqrt{DX}$ 为标准差或均方差。

在计算方差时，常用如下重要公式

$$DX=EX^2-(EX)^2$$

推导过程如下：

$$DX=E(X-EX)^2=E[X^2-2X\cdot EX+(EX)^2]$$

$$= EX^2 - 2EX \cdot EX + (EX)^2$$
$$= EX^2 - (EX)^2$$

【例5】 求服从两点分布的随机变量 X 的方差。

解 由【例1】$EX=p$

$$EX^2=0^2 \cdot q+1^2 \cdot p=p$$

于是，
$$DX = EX^2 - (EX)^2 = p - p^2 = p(1-p) = pq$$

【例6】 设随机变量 X 服从二项分布，试求 X 的方差。

解 由前知 $EX=np$，由

$$EX^2 = \sum_{k=0}^{n} k^2 C_n^k p^k q^{n-k} = \sum_{k=0}^{n} k(k-1)\frac{n!}{k!(n-k)!}p^k q^{n-k} + \sum_{k=0}^{n} kC_n^k p^k q^{n-k}$$
$$= n(n-1)p^2 \sum_{k=2}^{n} \frac{(n-2)!}{(k-2)![(n-2)-(k-2)]!} p^{k-2} q^{[(n-2)-(k-2)]} + EX$$
$$= n(n-1)p^2(p+q)^{n-2} + np = n^2p^2 + npq$$

于是，
$$DX = EX^2 - (EX)^2 = (n^2p^2 + npq) - (np)^2 = npq$$

B.3.2 方差的性质

（1）常数的方差。对于任意常数 c，有

$$Dc = 0$$

（2）线性性质。

对于任意实数 k、c，有

$$D(kX + c) = k^2 DX$$

事实上，由方差的定义可知

$$D(kX + c) = E[(kX + c) - E(kX + c)]^2 = E[kX + c - EX - c]^2$$
$$= E[k(X - EX)]^2 = k^2E(X - EX)^2 = k^2 DX$$

【例7】 已知 $\xi \sim N(\mu, \sigma^2)$，试求 $Y=\frac{X-\mu}{\sigma}$ 的数学期望和方差。

解 由于 $EX=\mu$，$DX=\sigma^2$，于是

$$EY = E\left(\frac{X-\mu}{\sigma}\right) = \frac{1}{\sigma}(EX - \mu) = 0$$

$$DY = D\left(\frac{X-\mu}{\sigma}\right) = \frac{1}{\sigma^2}DX = 1$$

一般地，在变换

$$Y = \frac{X - EX}{\sqrt{DX}}$$

下，易知 $EX=0$，$DX=1$，通常称 Y 是 X 的标准化随机变量。

（3）和的性质。

对于独立随机变量 X，Y 有

$$D(X \pm Y) = DX + DY$$

对于 n 个相互独立的随机变量 X_1，X_2，…，X_n，有

$$D(X_1 + X_2 + \cdots + X_n) = DX_1 + DX_2 + \cdots + DX_n$$

B.4　协方差与相关系数

B.4.1　协方差及其性质

定义：对于二维随机变量（X，Y），称 $E(X-EX)(Y-EY)$ 为 X，Y 的协方差，记作 $\mathrm{cov}(X,Y)$。即

$$\mathrm{cov}(X,Y)=E(X-EX)(Y-EY)$$

当（X，Y）为离散型时，有

$$\mathrm{cov}(\xi,\eta)=\sum_{i=1}^{\infty}\sum_{j=1}^{\infty}(x_i-E\xi)(y_i-E\eta)p_{ij}$$

当（X，Y）为离散型时，有

$$\mathrm{cov}(\xi,\eta)=\int_{-\infty}^{\infty}\int_{\infty}^{\infty}(x-E\xi)(y-E\eta)p(x,y)\mathrm{d}x\mathrm{d}y$$

计算协方差时，还常用公式

$$\mathrm{cov}(X,Y)=EXY-(EX)(EY)$$

【例 8】 已知二维随机变量（X，Y）的联合分布如下所示，试求 $\mathrm{cov}(X,Y)$。

Y \ X	-4	-1	1	4	p_i
2	$\frac{1}{4}$	0	0	$\frac{1}{4}$	$\frac{1}{2}$
3	0	$\frac{1}{4}$	$\frac{1}{4}$	0	$\frac{1}{2}$
p_j	$\frac{1}{4}$	$\frac{1}{4}$	$\frac{1}{4}$	$\frac{1}{4}$	1

解　先求边缘分布，并记入上表中，然后求数学期望与协方差。

$$EX=2\times\frac{1}{2}+3\times\frac{1}{2}=\frac{5}{2},\quad EY=(-4)\times\frac{1}{4}+(-1)\times\frac{1}{4}+1\times\frac{1}{4}+4\times\frac{1}{4}=0,$$

又
$$EXY=\frac{1}{4}[2\times(-4)+2\times4+3\times(-1)+3\times1]=0$$

故
$$\mathrm{cov}(X,Y)=EXY-(EX)(EY)=0$$

【例 9】 已知二维随机变量（X，Y）服从二维正态分布 $N(\mu_1,\mu_2,\sigma_1^2,\sigma_2^2,\rho)$，求 $\mathrm{cov}(X,Y)$。

解　由前可知，$X\sim N(\mu_1,\sigma_1^2)$，$Y\sim N(\mu_2,\sigma_2^2)$，故

$$EX=\mu_1,\quad EY=\mu_2$$

于是，协方差为

$$\begin{aligned}\mathrm{cov}(X,Y)&=E(X-EY)(Y-EY)=E(X-\mu_1)(Y-\mu_2)\\&=\frac{1}{2\pi\sigma_1\sigma_2\sqrt{1-\rho^2}}\int_{-\infty}^{\infty}\int_{-\infty}^{\infty}(x-\mu_1)(y-\mu_2)\mathrm{e}^{-\frac{1}{2(1-\rho^2)}\left[\left(\frac{x-\mu_1}{\sigma_1}\right)^2-\frac{2\rho(x-\mu_1)(y-\mu_2)}{\sigma_1\sigma_2}+\left(\frac{y-\mu_2}{\sigma_2}\right)^2\right]}\mathrm{d}x\mathrm{d}y\end{aligned}$$

引入变换 $\frac{x-\mu_1}{\sigma_1}=u$，$\frac{y-\mu_2}{\sigma_2}=v$

于是

$$\begin{aligned}
\operatorname{cov}(X,Y)&=\frac{\sigma_1\sigma_2}{2\pi\sqrt{1-\rho^2}}\int_{-\infty}^{\infty}\int_{-\infty}^{\infty}uv\,\mathrm{e}^{-\frac{1}{2(1-\rho^2)}[u^2-2\rho uv+\rho^2v^2+v^2]}\mathrm{d}u\mathrm{d}v\\
&=\frac{\sigma_1\sigma_2}{2\pi\sqrt{1-\rho^2}}\int_{-\infty}^{\infty}\int_{-\infty}^{\infty}uv\,\mathrm{e}^{-\frac{1}{2(1-\rho^2)}[(u-\rho v)^2+(1-\rho^2)v^2]}\mathrm{d}u\mathrm{d}v\\
&=\frac{\sigma_1\sigma_2}{\sqrt{2\pi}}\int_{-\infty}^{\infty}v\,\mathrm{e}^{-\frac{v^2}{2}}\mathrm{d}v\left\{\frac{1}{\sqrt{2\pi}\sqrt{1-\rho^2}}\int_{-\infty}^{\infty}u\,\mathrm{e}^{-\frac{(u-\rho v)^2}{2(1-\rho^2)}}\mathrm{d}u\right\}
\end{aligned}$$

上式大括号中的积分恰好是服从正态分布 $N(\rho v,1-\rho^2)$ 的随机变量的数学期望，

$$\operatorname{cov}(X,Y)=\frac{\rho\sigma_1\sigma_2}{\sqrt{2\pi}}\int_{-\infty}^{\infty}v^2\mathrm{e}^{-\frac{v^2}{2}}\mathrm{d}v=\rho\sigma_1\sigma_2$$

协方差的性质：

(1) $\operatorname{cov}(X,Y)=\operatorname{cov}(Y,X)$。

(2) $\operatorname{cov}[(a_1X+b_1),(a_2X+b_2)]=a_1b_1\operatorname{cov}(X,Y)$。

(3) $\operatorname{cov}(X_1+X_2,Y)=\operatorname{cov}(X_1,Y)+\operatorname{cov}(X_2,Y)$。

(4) $D(X\pm Y)=DX+DY\pm 2\operatorname{cov}(X,Y)$，并且当 X 与 Y 相互独立时，$\operatorname{cov}(X,Y)=0$。

B.4.2 相关系数及其性质

定义：对于二维随机变量（X，Y），如果 $DX\neq 0$，$DY\neq 0$，则称

$$\rho_{X,Y}=\frac{\operatorname{cov}(X,Y)}{\sqrt{DX}\sqrt{DY}}$$

为随机变量 X 与 Y 的相关系数。

相关系数的性质

(1) $|\rho_{XY}|\leqslant 1$。

(2) $|\rho_{XY}|=1$ 的充要条件是 $P\{Y=aX+b\}=1$，其中 a，b 为常数，且 $a\neq 0$。

一般地，当 $|\rho_{XY}|$ 的值越来越大而接近于 1 时，表明 X 与 Y 的线性关系程度越密切．反之，当 $|\rho_{XY}|$ 的值越来越小而接近于 0 时，表明 X 与 Y 的线性关系程度很微弱。

特别地当 $\rho_{XY}=0$ 时，称 X 与 Y 不相关。

若 X 与 Y 相互独立，则 $\operatorname{cov}(X,Y)=0$，于是 $\rho_{XY}=0$，即 X 与 Y 不相关。反之，当 X 与 Y 不相关时，并不能保证 X 与 Y 相互独立。

【例 10】 设二维随机变量（X，Y），若 X 服从（-1，1）上的均匀分布，而 $Y=X^2$，求 ρ_{XY}。

解 由均匀分布的数学期望知 $EX=0$，X 与 Y 的协方差为

$$\operatorname{cov}(X,Y)=E(XY)-(EX)(EY)=E(x^3)$$

而

$$E(x^3)=\int_{-1}^{1}\frac{1}{2}x^3\mathrm{d}x=0$$

所以

$$\operatorname{cov}(X,Y)=0$$

注意到 $DX\neq 0$，$DY\neq 0$，故 $\rho_{XY}=0$，即 X 与 Y 不相关；但由于 $Y=X^2$，显然 X 与 Y 不独立。

事实上，$\rho_{XY}=0$ 只说明了 X 与 Y 之间没有线性关系，但这时 X 与 Y 之间可能存在某种非线性关系。

特别地，由前可知 X 与 Y 相互独立的充分必要条件是 $\rho=0$，现在知道 $\rho=\rho_{XY}$，故知对于二维正态随机变量（X，Y）而言，X 与 Y 不相关与 X 与 Y 相互独立是等价的。

B.4.3　矩和协方差矩阵

定义：设 X 和 Y 是随机变量，若

$$EX^k, k=1,2,\cdots$$

存在，则它为 X 的 k 阶原点矩。记为 v_k。

若

$$E(X-EX)^k, k=1,2,\cdots$$

存在，则它为 X 的 k 阶原点矩，记为 μ_k。

若

$$E(X^kY^l), k,l=1,2,\cdots$$

存在，则它为 X 和 Y 的 $k+l$ 阶混和矩，记为 v_{k+l}。

若

$$E[(X-EX)^k(Y-EY)^l], k,l=1,2,\cdots$$

存在，则它为 X 和 Y 的 $k+l$ 阶混和中心矩，记为 μ_{k+l}。

显然，数学期望 EX、EY 是随机变量 X、Y 的一阶原点矩，方差 DX、DY 是二阶中心矩，协方差 $\mathrm{cov}(X, Y)$ 是 X 和 Y 的二阶混和中心矩。

定义：设（X_1，X_2，…，X_n）为 n 维随机变量，记 $c_{ij}=\mathrm{cov}(X_i,X_j), i,j=1,2,\cdots,n$，若它们都存在，则称矩阵

$$\begin{bmatrix} c_{11} & c_{12} & \cdots & c_{1n} \\ c_{21} & c_{22} & \cdots & c_{2n} \\ \vdots & \vdots & \vdots & \vdots \\ c_{n1} & c_{n2} & \cdots & c_{nn} \end{bmatrix}$$

为 n 维随机变量（X_1，X_2，…，X_n）的协方差矩阵。

易证协方差矩阵是非负定对称矩阵。

例如，二维随机变量 $(X,Y)\sim N(\mu_1,\mu_2,\sigma_1^2,\sigma_2^2,\rho)$，则其协方差矩阵为

$$\begin{bmatrix} c_{11} & c_{12} \\ c_{21} & c_{22} \end{bmatrix}=\begin{bmatrix} \sigma_1^2 & \rho\sigma_1\sigma_2 \\ \rho\sigma_1\sigma_2 & \sigma_2^2 \end{bmatrix}$$